U0261997

食品质量安全监管理论与实践问题研究

Research on Theory and Practice of Food Quality and Safety Supervision

裴金金　著

中国社会科学出版社

图书在版编目（CIP）数据

食品质量安全监管理论与实践问题研究/裴金金著 . —北京：中国社会科学出版社，2019.9

ISBN 978 - 7 - 5203 - 5181 - 2

Ⅰ.①食…　Ⅱ.①裴…　Ⅲ.①食品安全—监管制度—研究—中国　Ⅳ.①TS201.6

中国版本图书馆 CIP 数据核字（2019）第 216539 号

出　版　人	赵剑英	
责任编辑	刘晓红	
责任校对	周晓东	
责任印制	戴　宽	
出　　版	中国社会科学出版社	
社　　址	北京鼓楼西大街甲 158 号	
邮　　编	100720	
网　　址	http：//www.csspw.cn	
发 行 部	010 - 84083685	
门 市 部	010 - 84029450	
经　　销	新华书店及其他书店	
印刷装订	北京市十月印刷有限公司	
版　　次	2019 年 9 月第 1 版	
印　　次	2019 年 9 月第 1 次印刷	
开　　本	710×1000　1/16	
印　　张	14.75	
插　　页	2	
字　　数	227 千字	
定　　价	86.00 元	

凡购买中国社会科学出版社图书，如有质量问题请与本社营销中心联系调换
电话：010 - 84083683

前　　言

常言道，"民以食为先"。获得安全的食品，是现代社会中每个公民与生俱来的基本权利，也是每个公民最基本的愿望和期待。"民为邦本，本固邦宁"，这是中国几千年历史所证实的政治定律。食品安全是社会公共安全的重要组成部分，直接关系到国民经济发展、政治稳定、社会和谐以及国民福祉，甚至关系着国际贸易与国际关系。

"十二五"期间，我国食品工业取得了长足发展，随着《中华人民共和国食品安全法》的颁布与实施，我国关于食品安全的法律、法规实施以及技术标准的制定等方面都取得了显著的成绩，食品安全监管水平全面提升，但是仍然不足以完全胜任当前安全食品的生产与监管重任。相关的法律、法规尤其是质量标准体系仍然不健全；很多食品安全生产领域的标准还处在空白状态，部分标准不适应目前的生产与监管模式；甚至一些食品行业标准相互矛盾，导致了食品安全生产缺乏依据，食品质量安全监管存在漏洞，食品安全形势依然非常严峻。"十三五"期间，食品安全问题提升到国家战略高度，食品行业将进入新格局、新常态。在这样的情形下，改革和完善食品安全监管体制机制，不断强化食品安全监管力度，具有重要的意义。

中国在食品安全监管领域的发展历程不长，经验不是十分丰富。从理论角度而言，仍然存在一些盲区；从实践角度而言，还有一些需要改进之处。大致而言，理论都要以实践为依据，如果理论不正确，实践自然也会出现方向上的错误。在这种情况下，针对食品质量安全监管问题从理论与实践两方面开展研究，显然是很有意义的。

笔者写作前，对于"十二五"期间，我国在食品领域取得的成就以及政府部门对于"十三五"的具体规划进行了深入的研究。笔者在写作时，使用了食品科学、经济学、公共管理学、法学和行政学等诸多领域的理论成果，严格按照"提出—分析—解决"问题的具体思路，以当前中国在食品产业及质量安全监管体系的整体发展状态、存在的相关问题以及出现问题的具体原因进行了分析，并针对发现的问题提出了相应的对策和建议。笔者的研究给中国食品质量监管体系的改革与完善建立了完善的、具有普适性的框架。同时，在对理论和实际两方面均开展研究之后，又提出了相应的可行性的建议。笔者的愿望在于能够给相关领域的从业者、监管者、生产者及消费者提供一些理论方面的借鉴和实际意义上的参考，推动中国食品质量安全监管在理论研究与实践领域的不断进步，进一步提升消费者的食品安全观念及水平，为全面建设小康社会、推动社会的可持续发展作出自己的贡献。

目　　录

第一章　绪论

第一节　相关概念的界定

目前，在我国食品安全十分严峻的形势下，正确理解和把握食品和食品安全等基本概念的内涵，具有极强的现实意义和重要的学术价值。只有清楚地认识到怎样的食品才算是安全的，消费者、生产经营者和执法人员在"食品和食品安全"方面才能有正确的指引，同时才能保证在学术上研究对象的一致性，从而有利于构建统一、协调、权威、高效的食品安全保障体系。

我们针对食品及食品安全等各方面的基本概念有自己的认知，而这无论在学术研究范畴还是实践领域都有很高的价值。无论是作为消费者、生产者、经营者还是执法者，心中都必须清楚什么样的食品才是安全食品。只有这样，才能在食品安全方面形成正确的观念，促使统一、协调、高效、安全的食品安全保障体系的建成。

一　食品的内涵与特征

（一）食品的内涵

目前，对于"食品"一词的官方解释说明为："商店售卖的，经加工后制成的食物"；《食品法典》中针对食品的权威性解释为："所谓食品，就是人们要用来食用的经过加工、半加工或没有经过加工的物质，像饲料、口香糖和能够在加工生产及处理过程中食用的物质都包含在内，但并不含有化妆品、烟草或只能用于药物用途的物质"；国际官方组织针对食品的分类系统进行了明确的规定，将其分为四种，即"植物源性加工食品、动物源性加工食品、多种成分的加工食品以及其他可用食品"；在欧洲，官方对于食品的定义为"无论加工与否、经过部分加工或未加工的，能够为人所使用或被人体摄入的物质或产品"；在美国，官方对于食品的定义为"人及动物能够用来食用或饮用的物质"，及口香糖和能够制成上述物品的相关材料"。然而，在实际生活中，因地理环境、自然气候、风俗习惯及文化等方面的差异，食品有很多不同的种类。如果就同一物质而言，判定其是否是食物，不同地区的人可能会有不同的看法。同时，在食品安全领域，针对食品的界定是非常严格的。然而，不管存在什么样的差异，食品都是维持人类基本生活的重要条件，它应当符合：能够为人体提供营养及能量；能够直接用于食用；对人体健康有益。

食品的这种特性使它与药品有重大区别。药品是用于疾病的治疗、诊断和预防，具体的某种药品只适用于特定的人群，该人群因年龄、体质、病情的差异服用同种药品的剂量也有差异，药品不会像食品那样有悦人的感官特性，也不会完全没有副作用。基于食品与药品的重大差异，世界各国大多对其加以区分并适用不同的管理制度。有的国家在同一部法律中分别规范食品和药品问题，如美国在1906年就颁布了《食品与药物法》，其中明确规定了食品与药品的不同生产条件；有的国家将食品与药品分开立法，如德国的《食品、烟草制品、化妆品和其他日用品管理法》和日本的《食品安全基本法》都明确地将药品排除在外。我国也是将食品、药品分开并分别立法，原《中华人民共和国食品卫生法》（以下简称《食品卫生法》）第54条①和《中华人民共和国食品安全法》（以下简称《食品安全法》）第99条②都明确将食品定义为"各种供人食用或者饮用的成品和原料以及按照传统既是食品又是药品的物品，但是不包括以治疗为目的的物品"。

尽管我们可以通俗地将食品解释为供人类食用的物品，但这种解释

---

① 我国《食品卫生法》1995年10月30日起施行，由于我国新颁布了《食品安全法》，所以《食品卫生法》目前已经失效。
② 我国《食品安全法》已由中华人民共和国第十一届全国人民代表大会常务委员会第七次会议于2009年2月28日通过，自2009年6月1日起施行。

太宽泛。为了便于理解，本书将食品分为狭义食品和广义食品。狭义的食品是指获取和购买后可以直接食用、经简单加工后即可食用的各种天然和人工食品；而广义的食品除包括可以直接食用的各种食品之外，还应该包括用于加工各种食品的食物原料，如粮食、面粉、各种生肉以及豆类、薯类等。对比《食品安全法》与《食品卫生法》，显然《食品卫生法》对食品的理解是狭义的，没有包括种植、养殖、贮存等环节中的食品以及与食品相关的方面，而 2009 年 2 月 28 日通过的《食品安全法》则对食品安全涵盖的范围进行了新的扩展。

因此，从法律的层面来说，食品的概念应是广义的，既包括一般食品，也包括酒类和其他各种饮料。对于一些虽然具有一定的医疗价值，但是通过人们口服食用的方式发挥作用的滋补品、保健品，仍然属于食品的范畴；至于其他以治疗为目的的物品则属于药品的范畴。

（二）食品的特征

1. 营养特征

营养特征即食品具有能够为人体提供所需热能和营养成分的特征。

2. 感官特征

感官特征即食品能够刺激人的味觉、嗅觉、视觉、触觉，甚至听觉等感觉器官，从而具有增进食欲、促进消化吸收和稳定情绪的特征。

3. 调节特征

调节特征即能够刺激和活化处于诱病态（又称为"第三态""亚健康状态"）的人体潜在的生理调节特征，促进人体向健康态转变。

其中营养功能和感官功能是所有食品的最基本特征，而调节特征则主要是保健食品所必须具备的特征，一般食品对此功能无要求。但从现代食品的发展趋势来看，在非保健食品研制开发时，应适当考虑这一特征。

二 食品质量的内涵与特征

（一）食品质量的内涵

1. 农产品品质

农产品品质是由向消费者提供的农产品中全部有价值的物质组成，由营养品质、食用品质、加工品质和商品品质构成。即农产品品质的内涵系营养品质、加工品质和商业品质的总称，其中营养品质是农产品的物质基础和核心。

2. 有机食品的质量

有机食品质量是指一种产品具有的能够满足消费者愿望的所有特征的总和，并且不论这些特征是可以进行客观度量的还是仅仅适合于消费者主观愿望的。

（二）食品质量的构成因素与特征

食品质量与特征的构成如表1-1所示。

表1-1　　　　　　　　食品质量的构成因素与特征

构成因素	特征
营养价值（营养生理质量）	能量、脂肪、糖、蛋白质、维生素、物质等的含量与质量
健康价值（卫生质量）	有害物质和外来杂质的含量
适用性与可用性（技术与物理质量）	可贮藏性、可加工性、加工出口率
享受价值（情感性质量）	形态、颜色、气味、口味、享受成分浓度
心理价值（生态的、适感的、社会的质量）	生产方式（有益于环境、农户的、"兽道的"、替代的）与生产的接触：产品产地、优越感价值

随着人们的基本效用的满足，即（能量和营养成分）重点要向质量特征转移。以猪肉为例，主要内容如表1-2所示。

（三）食品质量的判断标准

1. 外观及口感

（1）外观。外观是最清楚直接的质量指标。有机食品有时在外观上不及用农药化肥种出的产品那么漂亮。在有机运动初期，欧美的有机水果蔬菜外观并不理想，对销售有影响，后来随着种植水平的提高和大量生物防治措施的应用，产品外观大大改善。

（2）口感。好看很重要，比好看更重要的是好吃。人们普遍认为有机食品口感比常规食品更好。地域、土质、气候等诸多因素可以影响食品的口感。

表 1 - 2　　　　　　　　　对食品质量的要求 （以猪肉为例）

	要素	特征	判断要素
基本效用	营养价值	脂肪等的含量	瘦肉率
	健康价值	由下列因素造成的缺陷：饲料的质量；牲畜受到的虐待；肉食加工方式和过程	下列成分含量：激素、抗生素、硫、氮等
	适用性与可用性	对加工企业：瘦肉率、高价部位占比、耐贮藏性、质量损失程度、平均程度	瘦肉率、膘精、后腿占比、饲养期长度
		对消费者：瘦肉率、质量损失程度、可煎烤性	
附加	享受价值	颜色、气味、口味	性别等
	心理价值	来源、饲养方式、饲料类型、声音	产地、生产方式、饲料类别、价值

根据对上海超市内有机蔬菜专柜的了解，许多消费者都是回头客，他们往往是在发现有机蔬菜比较好吃后才继续购买的。

2. 工艺适宜性

由贮藏质量和收获后的性能决定的一些研究表明，有机种植的作物生长速度较快，收获时生理成熟度较高，其贮藏期较长。实验还证明，有机蔬菜的呼吸率和酶活性较低，因此，其贮藏后损失较低。

3. 营养品质

（1）农药残留。由于在有机生产时农药是不会使用的，也正是因为如此，农药的残留较普通食品而言的含量会很低（见表 1 - 3），同时不同肥料的使用对蔬菜贮藏损失也带来一定的影响（见表 1 - 4）。

（2）其他毒素和有害残留。吃有机食品可以减少农药残留和亚硝酸盐的危害，但有些天然的物质也是有害的，如有些细菌和真菌产生的毒素。还没有证据证明，有机生产系统比常规生产系统更容易产生天然毒素，但细致的管理显然有利于避免此类问题的发生。使用化学品控制产生毒素的细菌和真菌，杀死的仅仅是微生物，毒素仍然存在。

表1-3   新鲜水果和蔬菜中农药残留（瑞士，1980—1983年）

	常规	有机
新鲜水果样品数量	856.0	173.0
蔬菜样品数量	60.9	97.1
新鲜水果农药残留（%）	32.9	2.9
蔬菜农药残留（%）	6.2	0

表1-4   不同肥料种植的蔬菜贮藏损失率比较   （单位:%）

	化肥	有机肥
胡萝卜	45.5	34.5
球茎甘蓝	50.5	34.8
甜菜	59.8	30.4
各种蔬菜（平均）	46.2	30.0

（3）矿物质和维生素成分。实验表明，大量使用化肥会影响作物的营养品质（见表1-5）。

表1-5   使用堆肥与化肥种植蔬菜的相对产量及营养品质的比较（单位:%）

项目	堆肥/化肥	项目	堆肥/化肥	项目	堆肥/化肥
产量	低24	钾	高18	铁	高77
有益成分	—	钙	高10	有害成分	—
蛋白质	高18	磷	高13	硝酸盐	低93
维生素	高28	干物质	高23	钠	低12
总糖分	高19	蛋氨酸	高13	自由氨基酸	低42

有机农产品比常规农产品更有营养、含有更丰富的食物纤维、矿物质含量更高。表1-6显示有机蔬菜和常规蔬菜营养成分的对比。

4. 对健康的作用

大量的证据表明，有机种植的食品与常规食品确实存在质量差异，不管是营养价值还是感官或其他质量。但是，对于消费者来说，就凭这些证据还不足以确定，有机种植的食品总是比常规食品更好、更健康。

要最后定论还要做大量细致深入的研究。

表 1-6　　　　　有机和常规农产品矿物质含量差异 （单位：毫克/千克）

种类	生产方式	钙	镁	钾	钠	VB1	铁	铜
四季豆	有机	40.5	60.0	99.7	8.6	60.0	227.0	69.0
	常规	15.5	14.8	29.1	<1.0	2.0	10.0	3.0
番茄	有机	23.0	59.2	148.0	6.5	68.0	1938.0	53.0
	常规	4.5	4.5	58.6	<1.0	1.0	1.0	<1.0
菠菜	有机	96.0	203.9	257.0	69.5	117.0	1584.0	32.0
	常规	47.5	46.9	84.0	<1.0	1.0	19.0	<1.0

三　食品安全的内涵与特征

（一）食品安全的概念

在我国的有关法律中，就食品安全的基本概念为：无毒、无害，对人类应有的营养要求能够基本满足，且按照其原有的用途制作及食用的过程中，不会对人体构成急性、亚急性或慢性的危害。

WHO 关于食品安全的相关规定为：食品中带有毒性的物质或对人体健康产生危害的公共卫生问题。

除了上文提到的关于食品安全的理念，还有一个关于食品安全的相关概念，指的是食品量的安全程度，也就是能否有能力供给足够的食物或是食品。世界粮农组织（FAO）针对食品安全的定义为：每个人在不同时期都能够在物质及经济方面获取到足够的、安全的及带有营养的食物，确保民众能够使自身健康而又积极生活的膳食需求得到满足。这一概念包含以下几点内容：首先，要有充足的粮食；其次，不会因季节或时间的改变而供应不足；再次，能够获得且能够承担的粮食；最后，高品质且安全的食物。

目前，食品安全在世界范围内受到的关注度在不断提升，有很多国家都针对这一问题开展了较为深入的研究。提及食品安全理念，国际社会目前已经达成了这样的共识：

第一，食品安全是一个综合范围内的理念。作为概念范畴，食品安全含有食品卫生、质量及营养等多方面的内容，以及食品在种植、养

殖、加工、包装、贮藏、运输、销售以及消费等多个环节。就概念范畴
而言，食品卫生、质量及营养基本都是部门或行业的理念，一个概念是
无法包括全部的内容及环节的。食品卫生、质量及营养在内涵及外延领
域有诸多交叉，也正是因为这种情况，产生了食品安全领域的重复监管
问题。

第二，食品安全是一个社会性的概念，不同于卫生学、营养学及质
量学等各个学科。食品安全与社会治理发展是息息相关的，无论在哪个
国家或哪个时期，食品安全所要面对的问题及治理的要求都会各有区
分。在欧美国家，食品安全的着眼点基本都是以科学技术发展为基础所
引生的问题，比如，转基因食品对民众健康的影响等；但在很多发展中
国家，食品安全的着眼点基本都是因市场经济不完善所引发的问题，像
假冒伪劣、有毒有害食品的非法经营等。

第三，食品安全是一个政治性的理念。不管是在发达国家还是在发
展中国家，企业及政府都应当完成针对社会的最基本的责任及最必要的
承诺。食品安全同人类的生存权是有着密切联系的，它带有唯一、强制
的特点，基本都是政府保障或强制的范畴之中。食品质量常和发展权相
连，带有较强的层次性和选择性的特点，基本都是商业选择及政府倡导
的范畴。近几年，国际社会基本都用食品安全的概念来代替卫生及质
量，这也显示了食品安全的政治属性。

此外，食品安全还是法律层面的概念。从 20 世纪 80 年代开始，世
界上的部分国家和国际组织站在社会系统工程建设的角度，用食品安全
的综合立法进一步代替卫生、质量及营养等相关要素。在 90 年代初期，
英国开始实施《食品安全法》；在 21 世纪初，欧盟发布了《食品安全
白皮书》；随后，日本也在食品安全领域进行立法。随着社会的不断发
展，越来越多的国家（也包含发展中国家）就食品安全进行了立法。
带有综合性质的《食品安全法》《食品质量法》及《食品营养法》等
都是社会进步的表现。

从上述几方面出发，食品安全的相关理念可以进一步概括为：食品
的种植、养殖、加工、包装、贮藏、运输、销售及消费等相关活动能够
符合国家的强制性标准及要求，不会对人体健康造成威胁并致人死亡，
或危及后代。这一理念也说明了这样的概念：食品安全不但含有生产方

面的安全，同样也涉及了经营安全。同时，也会涉及"结果和过程""现实与未来"方面的安全。

（二）食品安全是社会公共安全体系的重要一环

如上所述，食品安全问题是基础性、战略性问题。食品安全事关人民群众身体健康和生命安全，是重大的民生问题、经济问题和政治问题，既关系老百姓切身利益，又关系政府的形象与声誉。在中国，重大的食品安全事故几乎都会演变成重大社会公共事件或重大社会公共危机。少数人违法行为制造的恶果却让政府、消费者和合法生产经营者付出了高昂代价。

由此可见，食品安全是社会治理体系的组成部分，是社会公共安全体系（System of Social Public Security）的重要一环。中国的国家安全体系其实是将 11 个安全集于一身，其中含有政治、国土、军事、经济、文化、社会、科技、信息、生态、资源以及核安全这几个方面。在社会公共领域，食品安全是非常重要的组成部分。早在 2011 年，全国人大常委会就已经提出，要不断提升对食品安全的重视程度，并将其置于"国家安全"的高度上。事实上，食品安全与金融、粮食、能源及生态方面的安全具有同样的重要性。在 2015 年年中，我国颁布了《国家安全法》，其中也体现出了"以人民安全为宗旨"的相关理念，认为应当"保护民众的根本利益"。这部法律包括了传统领域及非传统领域两个领域的安全。其中，前者含有政治、国土、军事及经济方面的安全；后者含有文化、社会、科技、信息、生态以及资源方面的安全。而这也是我国再次借助立法的形式将食品安全纳入社会安全的领域之中。

（三）食品安全的特性

食品安全问题具有相对性、动态性、社会性、法律性及经济性等多种特性。

1. 食品安全的相对性

食品安全的相对性不考虑食品量的因素，单从食品质的方面来看，食品安全具有相对性。美国学者 Jones 建议将食品安全区分为绝对安全与相对安全两种：绝对安全是指不因使用某种食品而危及健康或造成伤害，即食品绝对没有风险或称零风险；相对安全则指一种食物或食物成分在合理食用方式和正常食量情况下不会导致对健康的危害。但事实上，绝对对人体无危害或零风险的食品是难以得到的，因为一种食品或食品成分对人体是有害还是有益，受多种因素的影响。首先，它与摄入量和方式有关，事实已经证明，人体对各种营养素的需要是在一定的范围内的，如果过量摄入会对人体产生副作用，如过量食用食盐对人体有害、长期偏食会造成营养不良等；其次，与个人的身体素质有关，如有的人对牛奶过敏、有的人对水产品过敏等；最后，与食品的加工方法和程度有关，如食用烹调不到位的食品会使人生病等。此外，许多天然食品本身含有对人体有毒或有害的成分，这些成分又很难从食品中分离出去或除掉，但只要对食品加工的方法和程度得当、适量食用并不会对人体产生危害。在我们所生活的环境中，存在多种不同的有害物质，也可以认为我们就是生活在"充满有害物质"的环境之中。这也就意味着，食品中势必会或多或少地含有有害物质，如果非要寻找不含有有害物质的食物食用，人们很有可能面临饥饿的境况。同时，我们体内存在一定的自我净化及修复的能力，如果食品中含有的有害物质不多，是不会对人体造成损害的。因此，食品之所以会对人体产生危害，必定是因为剂量过大。举例来说，氰化钾是剧毒物质，如果服用 100 毫克，就会致死；但如果服用了 0.01 毫克的氰化钾，就不会对人体产生太大危害；白糖作为人们日常生活中常见的食品，若过量服用也会有害健康。

强调食品安全并不一定能获得绝对安全的食品，而主要是要求人们在食品生产、加工、贮藏、运输、销售及食用过程中，不要人为地加入对人体有毒有害的物质，科学合理使用食品添加剂、农药、兽药、化肥等，尽可能地避免或减轻有毒有害物质对食品的污染等，力求将风险降低到最低限度。更重要的是，应该研究食品中的有害物质在多大的摄入量时才会造成对人体的危害，并制定出食品的安全限量标准，以保障人体的健康。

2. 食品安全的动态性

从食品安全的内涵与概念演变过程可以明显看出，食品安全不是一个固定不变的概念，而是处在不断的发展变化之中，具有动态特性。此外，随着现代分析技术及设备的发展，以及动物试验、临床研究、毒理学研究等的不断进行，人们对食品成分及某些可能危及人身安全因子的认识将会更加深入，必然会解除对某些因子的怀疑，也可能会产生新的疑点。随着现代生产技术、分离技术的发展与应用和管理体制的健全，对食品可能产生污染或危害的因子减少、污染程度减轻、污染概率减少，食品的安全性将会有所提高。但在旧的问题解决后，新的问题有可能出现。随着社会的进步，人们生活水平的提高，人们对食品的安全程度要求越来越高，某些从目前来看不是问题的问题将来可能成为重要问题。在旧技术存在的安全问题解决后，新开发的安全问题又有可能出现。

3. 食品安全的社会性

每个国家在发展的不同阶段，针对食品安全的相关问题及治理方面的要求会有所区别。当前，很多发达国家在食品安全领域注重的主要问题还是在科技领域和营养过剩方面的问题。其中，前者的典型代表是转基因食品，后者的典型代表是肥胖症。在发展中国家，在食品安全领域关注的大多是市场经济存在缺陷所导致的问题，像假冒伪劣等典型的问题。首先是生产技术、设备和管理落后所带来的问题及因相对贫穷所带来的营养不良。其次，食品安全问题的产生，不仅仅是由技术原因所引起的。目前，更多且危害最严重的还是由于职业道德、文化修养及管理等社会原因所引起的。最后，食品安全问题的出现，不仅对人们的身体健康和企业经济效益造成损害，还会引起社会的动荡，是一种不可忽视的社会因素。

4. 食品安全的法律性

食品安全具有相对性，那么食品安全程度的高低除在分析研究过程中需要通过动物实验、人体临床试验等来评价外，在实际工作和生活中则主要是通过依据研究结果制定相关的法律法规和标准，再依据这些法律法规和标准来判断食品是否安全，如《中华人民共和国食品卫生法》《中华人民共和国食品安全法》（草案）、各种食品卫生标准等均对有关食品安全问题做了具体规定。

5. 食品安全的经济性

首先，从目前的现状来看，要生产安全程度高的食品（如绿色食品、有机食品），无论从原辅料的使用上，还是生产工艺技术、设备和环境上，以及生产管理上的要求及耗费均要高于普通食品。那么，依据价值规律，高安全性食品的价值及价格自然要比普通食品高，更高于劣质和假冒食品。其次，如前所述，食品安全包含人们要有足够的收入来购买安全食品的含义。那么，不管社会上食品的总量有多少，其质量也不管有多高，如果消费者没有足够的收入来买足够的食品，这对消费者来说仍是不安全的。此外，对低收入人群来说，他们购买食品，一般考虑的是价格高低、数量的多少，只有价格在其可接受的范围之内时，才会考虑食品的品质如何、卫生状态如何、用餐环境如何。因此，这个层次的人群受食品安全风险的影响更大。

（四）食品安全问题的多样性

在 21 世纪初期，世界卫生组织（WHO）提出，食品安全有多个方面的表现，它可能从生物、物理及化学这三个层面对消费者的健康造成威胁。

生物危害意味着生物特别是微生物自身和代谢过程中的产物，以及寄生虫、虫卵、昆虫等可能针对食品原料、加工过程及产品所产生的污染。能够危害人体健康的微生物有细菌、真菌、病毒、寄生动物和寄生虫等。目前，因有害生物导致的食品安全问题正日益受到国家的关注，因这一领域导致的食品污染也会对经济产生难以估量的影响。在 20 世纪末，世界卫生组织（WHO）估算出除中国以外的发展中国家，每年会有 180 万左右的儿童因微生物导致的腹泻而失去生命，而这些有害的微生物大多来自水和食物。在 20 世纪 90 年代中期，美国研究者进行了一些研究，发现有七种生物病原体能够令 330 万到 1200 万人身患食源性疾病，由此带来的经济损失最高可达 350 亿美元。

生物性的食品安全问题在当前的社会环境中变得越来越常见，这也同民众生产生活方式的不断变化有密切的关联。有很多发展中国家都在快速工业化的进程中，随着在外就业人数的不断提升，越来越多的人开始不在家庭内就餐，这就代表人们开始失去了食品加工过程中的安全保障。随着社会的发展，食品经历了生产、加工、流通和消费等多个流程，整体的供应链也在不断加长、距离也在不断拉长，这也意味着食物受有害生物污染的可能性在不断扩大。目前，食物供应系统在全球领域的不断推广导致了很多全球性公共卫生事件的产生。

化学性的食品安全问题意味着食物被有害的化学物质所污染而造成的危害，其中含有近年来较为常见的食品化学性中毒事件。能够污染食品的化学物质指的是食品添加剂、营养强化剂等。同时，若将非食品级的、伪造的或不允许使用的以上三类物质添加到食品中，也会对食物造成污染。有害物质之所以能够对食品造成污染，主要是因为在生产、加工、贮存和运输环节出现了问题。化学危害主要来自：自然界所产生的化学物质（也就是人们常说的天然毒素）、农药和兽药的残留、重金属、食品添加剂的滥用、相关包装、放射性污染以及因不明原因所产生的化学物质等。

化学危害的程度与工业化进程有着密切的联系，食物如何生产也会影响化学危害的程度。随着社会的发展，人类开始探索如何在有限的土地资源中生产更多的食物，这一需求推动了石油农业生产方式的发展。所谓石油农业生产方式，就是指使用以农药化肥、添加剂及能够刺激植物生长的激素等石油化工产品，使农田和水源受到了污染，食品危害也由此产生。为了进一步提升食品的色泽、口感，让食品的保质期更长，很多生产者开始大量投放添加剂和防腐剂。目前，学界针对农药、兽药和食品添加剂的毒理分析资料并不多。而很多发展中国家因经济发展状况不佳、科研水平有待提高，发展中国家更多地考虑的是温饱方面的问题，是否会对人体造成危害并不是优先考虑的目标。

物理性的食品安全问题意味着在食物当中发现的可能会导致人生病或受伤的、本不应当出现在食物当中的物理材料，像玻璃、石头、金属、塑料、骨头等都属于物理危害。在 20 世纪 90 年代初，美国某机构共收到了超过一万份关于食品安全的物理危害投诉。同时，在有关物理危害的投诉中，有 14% 的事件对人体造成了疾病或伤害。在所有投诉中，出现最多的异物就是玻璃。

我国食品中毒事件的特点：第一，食源性致病菌是导致我国食物中毒的主要原因。

——由微生物导致的食物中毒事件是十分常见的，它也是导致中毒的主要原因。

——因误食有毒的动植物导致人中毒是致死率最高的一种食物中毒情况。在所有中毒情况中，四季豆、扁豆、菜豆等食物如果加热的温度或时间不足，对人体是有害的。

——调查后发现，集体食堂是食物中毒的高发性场所，发生事故的频率和导致中毒的人数很多。中毒的主要原因是因副溶血性弧菌、蜡样芽胞杆菌及沙门氏菌所引起的微生物中毒，或因烹饪方式不当造成的食物中毒。

——学生食物中毒事件以微生物性食物中毒为主。发生于学校集体食堂的食物中毒事件主要由于食品贮存、加工不当导致食品变质或受污染所引起。

——农村地区是家庭食物中毒的常见地区。之所以会出现这种现象，主要是因为部分农村群众不具备基本的食品安全知识和较好的饮食习惯。

第二，人为食品安全事故成为公众不满意的重点。与发达国家科技发展和自然原因导致的食品安全事故不同的是，我国的食品安全事故大都是生产者故意添加非食品原料、非食品添加剂造成的，主观故意恶性食品安全案件屡禁不止。

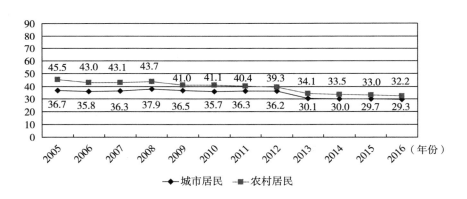

图 1 - 1　1996—2017 年我国城乡居民恩格尔系数变化情况

资料来源：国家统计局网站，http：//www.stats.gov.cn。

针对不同的人群，食品安全问题会有不同的表现。其中，这一问题的产生与发展同社会生产发展的各个阶段、民众的收入水平以及社会发展的文化特点都有着十分密切的关系。食品安全问题其实是社会生产力和生产关系的反映。从 20 世纪 80 年代末期中国实施了改革开放的战略直到今天，在城乡居民收入水平不断提升的情况下，我国的恩格尔系数始终在下降。在这种情况下，民众就需要更高水平的食品安全。恩格尔系数指的是食品支出占家庭总支出的比例，这一指标下降意味着食品消费在总消费中的比重有所降低。然而，不同阶层的下降速度也有所不同，其差异会对群体的食物结构产生一定影响。对于富裕群体而言，对于食品安全的需求会有较大程度的提升。但对于低收入阶层来说，对于食品安全问题则并不是非常重视。

目前，中国城乡居民在食物消费结构方面表现出了多元化和结构替代性的趋势。对于城镇居民来说，更多的是希望获取更加便捷、舒适、营养和卫生、安全的食品。对于食品的要求正在经历由"吃饱"向"吃好"的转变，这具体表现在以下几个方面：第一，细粮的消费量不断下降，但粗粮的消费量在提升，且主食的种类也在增加。第二，猪肉消费量稍有下降，牛羊肉、水产品和禽肉蛋奶的消费量在提升。目前，牛奶已经成为每家每户的必需品，人们的饮食结构变得更加科学、营养。第三，各个家庭对于烟酒、瓜果等饮食中的"奢侈品"的消费量有明显提升。在21世纪初，人均支出为332元，较20世纪末同比增长了24%。第四，食品口味在向多样化和方便化不断转变，加工产品进一步出现，超市中各类食品的销量有明显提升。第五，更多人选择在外就餐。在21世纪初，人均在外就餐的花销就已经达到了将近300元，较20世纪末期相比，提升了近80%。

在收入较少的农村地区，食品安全问题更是不容忽视。因农村地区的经济和文化都并不发达，人们的饮食还处在"自给自足"的情况下，只有比例很少的一些调味品等食物源自外部供应。因经济实力和落后市场供应渠道等多方面的限制，食品安全问题发生的范围还比较小，不会威胁很多人的生命健康。此时，食品安全问题并不是一个显著的、亟待解决的公共安全问题。之所以会产生食品安全问题，还是由于微生物污染、生鲜食品、不洁饮用水、不良习惯和食品加工及储藏方式不恰当造成的。在食品不断向农村地区流入的情况下，很多廉价却伴有高风险的食物不断涌入农村地区，对当地居民的健康造成了极大的威胁。

生活在城市之中的城市低收入人群，是恩格尔系数比较高的群体。与农村地区对比而言，这部分人大多数依赖市场购买的食品，这些食品很容易产生安全问题。同时，因此类人群比较密集，也很容易导致食品安全问题不断恶化，使传染病传播的危险系数进一步提升。城市低收入群体在食品安全方面存在的主要威胁有以下几点：食用非饮用水、食品掺假、卫生条件差、缺乏食品安全知识等。

高收入城市人群同样面临一些食品安全问题。在民众收入水平不断提升、恩格尔系数下降的今天，很多人购买食品的预算不断提升，这意味着更多人愿意购买半成品或成品、愿意在外就餐以便节约更多时间。这种现象的出现也说明有越来越多的人在食品安全方面的防范意识在减弱。目前，在带有自给自足特点的小生产社会中，食品生产和消费的供应链不断延伸，进一步转变为生产—加工—流通—消费的趋势，而环节的增加也意味着出现问题的可能性会有所提升。同时，目前食品的供应范围已经不再有地区的限制，食品也可以在全国，甚至全球范围内进行配送。当前，高收入城市人群对于食品的消费更向着品质化的方向发展，对于色泽、口味都有了更高的要求，而生产者抓住了人们的心理，为了让食品更加畅销，会添加各种农药、添加剂、激素、防腐剂和色素。在这种情况下，高收入城市人群面临的食品安全威胁是由化学污染、方式不当所产生的微生物交叉污染问题。

在过去，人们普遍认为贫穷才是最可怕的一种"疾病"。站在食品安全的角度来说，收入不同的人群面临的食品安全问题大体相当。无论是穷人还是富人，食源性疾病都时有发生，但两类人群所受到的危害程度却不尽相同。在低收入人群中，像婴幼儿腹泻、霍乱、伤寒等对生命造成严重威胁的疾病仍然十分流行，同时也会造成极高的死亡率，这与生活在贫困中的民众无法获得较好的医疗卫生条件有着很大关系。而在高收入人群中，因食源性疾病致死的人数并不多，在食品安全方面所遭遇的威胁还是源于化学污染会对预期寿命产生的影响和由此产生的心理恐慌。在高收入人群中，人们希望能够"活得更好、活得更长"。因而此类人群具有很好的支付能力，这也意味着他们有更多的选择。

四　食品质量安全监管的内涵及体系

（一）监管

政府监督是在市场及政府关系出现变化时才出现的。因市场经济所具有的不完善性，当市场无法调节某些情况时，往往需要政府部门介入处理，以确保经济能够处于正常运行的状态。政府部门对于经济的调控方式有宏观调控、指令性计划以及经济监管。上述方式尽管都属于政府对经济的调控，但具体来说还是有很大区别的。政府能够把控经济的最强烈方式就是用计划取代市场，无论是宏观还是微观，从各个角度掌握生活中方方面面的问题，其职责带有"全能型"的特点。

在 20 世纪 70 年代，美国著名经济学家斯蒂格勒创立了监管经济学，他针对政府所具有的微观监管职能进行了研究与分析，并将其写入《经济监管论》（*The Theory of Economic Regulation*）一文之中。施蒂格勒从经济学的角度针对监管的出现进行了分析，并系统地说明了监管活动进行具体实践的相关过程。他的主要观点是：监管是源于产业，并以产业的需求和利益为基础来设计和运作的。在斯蒂格勒研究的基础上，佩尔兹曼及贝克尔对其观点进行了进一步完善，同时提出了"最优监管政策"和"政治均衡模型"。在这之后，监管经济学处在飞速发展的进程中。日本经济学家植草益、美国经济学家史普博（D. F. Spulber）先后发表著作，针对监管经济学的相关问题进行研究。监管经济学也是经济学的一种，它围绕着监管的原因、方法及内容进行了解释和说明，针对政府就经济的微观监管总结出很多理论，像"政府监管俘虏理论"及"监管公共利益理论"都是典型的代表，而这些理论对指导发达国家的政府监管而言具有十分关键的作用。

1. 监管的一般含义

虽然在当前的社会环境中，"监管"的理念已经为很多人所熟知，但目前还没有形成统一的标准。20 世纪 80 年代，学者米尼克（Mitnick）在自己的研究中说明了自己的观点，即管制的概念其实并没有统一的说法。一些人将监管与宏观调控画上等号，也有一些人相信监管其实就是具体的管理模式。不同的人对于监管有自己的看法，但他们对于监管的理解与认知也对监管职能的定位产生了影响。

"监管"起源于英文单词中的"Regulation"一词，本质就是要使某个主体采用某种规则，对事物实施控制与调节，促使事物能够正常地运转下去。站在经济学角度出发，政府的监管通常指的都是政府部门针对私人经济部门的活动开展的限制抑或是规定。站在行政法的角度而言，政府部门的监管都是由行政机关按照相关法律进行授权，使用特定的行政手段，或是准立法或准司法手段，以便于能够对企业及消费者从监管的具体职能定位方面有所影响。

从广义角度而言，监管的概念是：监管是站在公共机构或私人的角度出发，为了形成及维护市场秩序，以法律或社会规范为基础，针对经济活动实施干预、控制的相关活动。支持这一观点的研究人员有英国格拉斯哥大学的劳拉·麦格雷戈（laora Macgregor）、托尼·普罗瑟（Tony Prosser）和夏洛特·维利尔斯（Charlotte Villiers），这三位研究者持有相同的观点，相信监管含有以下三个重要的组成部分："第一，监管是对行为有意识的调整，这一点使之区别于典型的市场秩序；第二，监管与经济活动有关，与资源分配有关，但与市场的存在不矛盾，因为监管可以形成、组织、维护或支持市场；第三，监管将被制度化，但并不意味着制度必须是国家性质的。不一定需要正式法律，非正式的规范同样重要"①。监管的主体有社会公共机构、行业协会、其他社会中介组织及企业开展的自我监管活动。其中，社会公共机构含有国家的立法、司法行政机构和相关国际组织。经济合作和发展组织（OECD）也针对监管进行了一些说明，其中含有经过政府及政府授权的非政府部门、自律组织颁布的规章条款等。归根结底，这些其实都是政府部门为确保市场经济能够在平稳状态下运行所做的努力。而经济合作和发展组织针对监管的定义也就是从广义角度来讲的监管。

从狭义角度来说，针对监管，人们普遍认为它是政府部门以法律为基础，为了纠正市场机制中出现的一些错误、改善市场机制运行时所产生的内在问题而对经济开展干预和适度控制的相关活动。监管的主体只有政府一种，立法、司法及行政机构均包含在内，广义的监管中含有的"行业自律组织"和企业是不包含在内的。政府部门能够对经济活动的整体形势进行监管，其中不但含有在宏观层面针对市场失灵的纠正，同时也可以对微观的经济活动进行纠正。政府在监管活动中能够使用的工具有财政、税收、货币政策以及宏观调控等。此外，反垄断、反不正当竞争也属于间接的工具。政府能够通过制定规定、实施价格监管以及披露信息等直接规制手段对经济活动进行监管。目前，流传范围最广的定

① Laura Macgregor, Tony Prosser and Charlotte Villiers（eds.）, *Regulation and Market beyond* 2000, Dartmouth and Ashgate, 2000, pp. 348 – 349.

义是 20 世纪 70 年代初期由学者斯蒂格勒（Stigeler）提出的理念，即"监管是一种法规（rule），主要管制的主体是产业所需要的内容，和能够服务于产业利益的操作。斯蒂格勒相信，监管其实也是国家权力的体现。而在著名经济学家萨缪尔森看来，监管其实是政府条例的制定过程，以及市场激励机制的整体设定，为确保厂商不乱定价，并进一步规范其销售、生产等行为。丹尼尔·F. 史普博（Daniel F. Spulber, 1953— ）也提出，"管制是由行政机构制定并执行的直接干预市场配置或间接改变企业和消费者的供需决策的一般规则或特殊行为"。"管制的过程是由被管制市场中的消费者和企业，消费者偏好和企业技术，可利用的战略以及规则组合来界定的一种博弈。""管制学研究的是管制存在下的管制过程及作为其结果的市场均衡。"①

英语中的"regulation"一词，在中国的学界有三种翻译方式。第一种含义是"监管"，也就是政府作为监督主体的角色存在，而不是对微观经济主体进行直接命令；第二种含义是经济学领域常见的译法，也就是"管制"，它重视政府能够制定的干预措施和这一举措对自由竞争市场机制所能够产生的影响；第三种含义是法学领域常见的译法，也就是"规制"，法学家们认为它使法律法规更加正当、合理。笔者从社会公共管理角度出发，采取了经济学领域常见的"监管"的翻译方法。若无特殊表明，则"监管"同"管制"的语义相同。

为了能够将监管理论进行彻底的理解，笔者将针对监管型政府、计划经济政府和资本主义国家在自由放任时期将政府作为"守夜人"角色时的状态进行对比，如表 1-7 所示。

针对上述三种政府的具体区别，在 21 世纪初，John B. W. 从市民及国家的层面出发，通过"掌舵"及"划桨"的比喻方式来形容政府的角色功能，并对上文中提到的三种政府状态中，国家与社会之间的关系进行了进一步对比，可参照表 1-7。

由理论层面出发能够发现，政府针对社会经济事务的管理和控制能够按照程度的轻重进一步划分为计划经济、宏观调控、政府监管及完全放任四种，可以采取矩阵模型对这四种经济模式进行说明。针对政府重

---

① ［美］丹尼尔·F. 史普博：《管制与市场》，余晖等译，上海三联书店 1999 年版。

表 1 - 7　　　　守夜人政府、计划经济政府、监管型政府的比较

运行模式	政府类型		
	守夜人政府	计划经济政府	监管型政府
掌舵	市民社会	国家	国家
划桨	市民社会	国家	市民社会

视的战略性事务，像重要的国防产品，就可以通过政府直接经营来确保优质。在计划经济体制下，政府就是通过这种方式来管控经济的。若针对不重要的事务来说，就采取市场调节的方式；若针对能够对社会产生重要影响，政府又无法直接经营的产品而言，政府应当对其监管。但具体的监管模式要区别于计划经济时期的国家职能，应着手构建法制化、高效且独立的政府模式，以便于实现对经济的监管，而这也是一种新型的管理模式，它的特点在于：首先，政府不会直接插手商品在生产、流通及消费的各个流程；其次，监管者自身也会受监督；再次，监管机构应是独立的主体；最后，要用现代化的手段和方式进行监管。此时，政府摆脱了以往既是"运动员"，又是"裁判员"的角色定位，进一步转变为不但能帮助市场发挥自身作用，同时又可以弥补市场不足的弊端。

表 1 - 8 是从国家政府与社会之间关系的角度进一步说明了监管型政府同传统政府的区别。中国是全球最大的发展中国家，由计划经济转向社会主义市场经济体制的整体历程并不长。在社会经济大环境不断变化的今天，政府部门的职能逐渐向监管型政府进行转变。在此过程中，无论是个人还是企业，较计划经济时期而言，自由度都会有明显提升。但政府权力并不会因此下降，政府也不能因此不承担责任。与此相反，政府部门会把控一些经济和社会的重要事务，并对其实施严格监管。

宏观调控与政府监管之间有着显著的区别，具体表现在行政主体、调控客体以及实施手段三个方面。其中，宏观调控意味着政府通过使用经济政策实现对宏观经济运行的调节，具体的方式表现在财政、货币及税收政策三个方面，主要目的是确保经济能够稳定、持续增长，且收入能够更加公平合理地分配。政府在实施宏观调控的过程中，主体集中于财政等综合性的经济管理部门和价格的辅助机构，具体对象为国民经济

的总体供求、不确定的市场主体及社会成员。进行调控的主要方法是通过间接干预的方式。政府监管，主要通过法律授权给行政机构，制定并执行一些能够对市场资源产生直接影响、对企业和消费者的供给和需求产生影响的决策而作出的反应。这也就意味着一旦政府不再直接参与市场活动，还是要针对市场参与者进行监管，以确保其公正性，并弥补市场失灵的问题。进行监管的主要对象是在一定领域下的企业及个人。政府进行监管活动的主要方式有以下几种：第一，通过制定相应的规章政策禁止特定的行为；第二，通过行政许可、认证、审查及检验的方式；第三，制定行政契约实现信息披露并进行行政裁决。

表 1-8　　指令型计划经济政府和监管型政府两种类型政府的区别

	指令型计划经济政府	监管型政府
主要职能	宏观到微观，组织社会生产、分配、流通、消费	纠正市场失灵
政策工具	组织生产计划、分配、流通、消费	制度设计
政治冲突的领域	资源的分配	对制度设计的审查与控制
主要的行为主体	政府各部门国有企业	立法和司法机构，独立的监管机构
政策模式	自由裁量	受制度和法律的制约
政策文化	一元化领导，命令主义	多元共存
政治责任	直接的	间接的

2. 经济性监管和社会性监管的区别

从本质上来看，监管其实是针对企业力量的一种限制。按照政策目标和工具存在的区别，往往可以把监管进一步分成经济性和社会性两种。其中，前者主要是为了解决企业间、企业与消费者这两个领域之间面临的经济关系，意味着政府能够从价格、产量、市场进入与退出等方面对企业进行控制。主要方式有：监管厂商数量、价格管制、产量管制、质量管制。社会性监管的目的是确保居民生命健康安全，防止公害和保护环境，因此对涉及生产、消费和交易过程的安全、健康、卫生、教育、文化、环保、提供信息、社会保障等社会行为进行监管，其目的是确保国民的生活质量和公民的基本权利、确保社会公平和保护经济弱者。从本质上看，社会性监管是以增进国民的社会福利为目的，它的作用在于矫正经济活动所引起的各种派生后果和外部性问题。

社会性监管有一个很重要的特征，就是其具备横向制约功能。具体来说，这意味着若某产业中的企业行为会对社会或个人的利益造成损害，政府会对其进行社会性监管。这一概念起源于西方的发达国家，在社会不断发展的现在，自 20 世纪至今，社会性监管就已经为西方发达国家的政府所关注，这表现在：食品、药品领域是最先受到监管的领域。从 20 世纪 70 年代开始，很多欧美国家就十分注重社会性监管。举例来说，在那一时期，美国成立了环境保护局、消费者安全委员会、食品药品管理局等多个政府监管部门，希望对社会的各个领域进行监督与管理。

自 20 世纪 70 年代至今，新保守主义不断兴起，欧洲一体化进程不断推进，"监管型政府"的相关理念进一步拓展到了西欧。在不断发展的过程中，拉美和亚洲的很多国家也了解了这一观念。近期，欧美国家开始倡导"放松监管"，很多学者都在这一领域进行了研究。芝加哥大学的学者乔治·斯蒂格勒明确提出了"政府监管弊大于利"的思想，而这一领域的研究成果也使他获得了诺贝尔经济学奖。然而，斯蒂格勒的研究成果主要集中在经济领域，放松监管也意味着要放松"经济性"的监管。从 20 世纪 80 年代至今社会性监管在市场经济国家中越来越受到重视，其整体趋势也在不断提升。举例来说，政府部门针对食品的监管就带有很强的社会性。

Lester Salamon 对于经济性监管和社会性监管的不同进行了研究，并进一步将其归纳为表 1-9 所显示的内容。

人们对于监管的定义有着多方面的理解，之所以会产生分歧，主要是因为监管主体和范围存在界定方面的不同。笔者认为：社会经济结构具有多元化的特点，因此，监管的主体也必然不是单一的。在此基础上，笔者希望能够以监管的广义概念——监管是在法律及社会规范基础上，由政府、非政府或私人以维持秩序、保证健康为主要目的，就生产经营者的相关行为开展干预的有关活动。在这一定义中，针对立法、司法及行政等部门均有涉及。而在具体的监管活动之中，社会的中介组织和个人其实是互补的，它能够充分调动社会资源，进一步构建社会范围内的协调网络。然而，我们同样也应当关注：无论是政府还是社会中介，在面对权力时，其合法性、社会地位、监管手段、程序及效力上都会有所不同。站在社会现实的角度出发，非政府的社会中介组织仍然处在不健全的状态下，监管的机制并不是十分健全。由法律角度出发，政府的立法、行政、司法部门同样要接受监督。

表 1-9 经济性监管和社会性监管的区别与联系

	经济性监管	社会性监管
理论基础	纠正市场失灵	规避社会风险
政策目标	确保竞争性的社会条件	限制可能危害到公共健康、公共安全或社会福利的行为
政策工具	市场准入控制；价格调控；产量调控等	制度设置；确立标准；奖惩机制；执行标准
政策对象	公司企业行为	个人、公司及低层级地方政府
案例	电信、航空、邮政等网络型产业	药品食品生产；控制环境污染

在进行监管范围的界定时，学界普遍相信应当把监管分成经济性和社会性这两种类别。其中，前者意味着为了确保资源得到充分利用，且利用者之间能够实现公平竞争。政府机构通过自己具备的法律权限，针对企业的进入与退出、整体的价格及产量、质量等领域开展监督；后者意味着主要目标在于确保劳动者和消费者的个人安全、健康及卫生状况，兼顾环保的目标，就有关行为开展监督活动。食品安全其实是与民众身体健康息息相关的重要社会问题。

（二）食品质量安全监管

当前，无论是国外还是国内，针对食品质量安全方面的监管都没有明确、统一的定义。FAO 和 WHO 在发布的文件中，把食品安全控制规定为是一种带有强制性的规则，用以加强国家或地方政府部门对于消费者具有的保护作用。同时，对于食品从生产到流入消费者手中的多个环节而言，都应是安全的、健康的。对于法律规定的相关内容，应诚实、准确地进行标注。针对食品进行控制时，最主要的目的在于食品立法，保障食品消费安全，保护消费者的合法权益。为了实现这一目标，对于非天然和不符合质量需求的食品，应予以完全禁止。

食品质量管理的理念是以质量管理的概念为基础提出的。在 GB/T 19000—2008/ISO9000：2005 标准中，针对质量管理概念的叙述为：进行指挥、控制与协调的相关活动。其中，含有质量方针、目标、策划、控制、保证以及改进等多个环节。食品质量管理的意义就是要通过上述几项活动确保食品质量能够有所提升。大体来说，食品安全管理活动开展的主体范围是很丰富的，像企业、政府、消费者、中介等各种组织都能够开展相应的活动。

以笔者的研究目标及范围为基础，食品质量安全监管可以定义为：关于监管主体作出的，确保食品安全，能够对食品生产企业、团体和个人进行干预的具体行为。

在食品方面，质量安全监管与安全管理是有区别的，具体表现在：首先是公共性。前者的目标是确保食品生产秩序的安全和规范，确保食品的优质和安全，确保民众的生命安全与健康不受影响。这方面的工作与社会公共的利益有密切联系，属于政府公共服务职能和管理的领域。因此，应当借公共管理的相关理论进行有关问题的研究。其次是综合性。前者并不是一个独立的经济或技术问题。之前有很多学者都希望在单一领域找到食品安全问题的解决方案，最终耗费了很多成本，仍无法解决。之所以会出现这种问题，主要还是由于对食品质量安全监管具有特殊性的考虑不当造成的。事实上，这一问题是涵盖了政治、经济、社会、管理以及技术等多个层面的一种综合性问题。为了解决这种问题，应当使用综合性的措施，以收获更良好的效果；最后是强制性。这里暂不展开。

（三）食品质量安全监管体系

监管体系和系统的本质含义大体相同。笔者查阅了《辞海》后发现，其中对于"体系"的解释是"将若干个有联系的事物组合起来，使其相互促进、相互制约而构成的有机整体";对于"系统"的解释是"将两个或两个以上有联系的要素进行结合,从而构成具备特定功能的有机整体"。

笔者把"食品质量安全监管体系"进一步认定为:在进行食品质量安全监管的整体过程中,将有联系且具有相互制约作用的不同部分构成一个统一的整体,它带有整体性、目的性、相关性的特征,并且能够充分适应环境。

食品质量安全监管体系也是各个要素的有机结合体,它的主要功能是通过体系内的各要素之间的联系及具体的结构所决定的。在食品质量安全监管体系中,有监管的主体、对象和手段三个要素,且每个要素之间又包含自己的独立体系。监管主体、对象和手段相互联系、相互作用,并统一地构成一个有机整体。每个要素所具备的功能要符合整体的功能,但整体的功能并不只是单一要素的简单相加(见图1-2)。

食品质量安全监管体系 { 主体:政府有关监管部门 客体:个人和企业,消费者和生产者 手段:法律手段、行政手段、技术手段

图1-2 食品质量安全监管体系构成

第二节 相关理论简述

一 政府监管食品质量安全的理论依据

(一)新公共管理理论

1. 新公共管理运动产生的背景

从20世纪70年代至今,从欧美国家掀起的改革浪潮影响了整个世界。在这种情况下,公众的价值观念、需求都变得更加丰富,民主观念和参与意识不断提升,这意味着民众对政府也提出了新的要求与希望。人们往往希望能够建立更加灵活、高效的政府,促使自身的应变能力及创造力不断提升。在公众的需求理念下,民众也应当进一步参与到市场

管理中去。过去政府所使用的管理体制存在僵化的弊端，这也使行政机构的规模与预算出现最大化可能性，这并不利于成本控制。在未改革之前，西方国家都面临着经济发展缓慢、成本高、低效率和福利制度难以为继的困境，无法满足民众对于政府的需求。在这种情况下，改变以往的公共行政体制迫在眉睫。"新公共管理"模式由此产生。

2. 新公共管理理论的主要特征

在新公共管理理论之中，市场机制其实是十分有效的管理模式，借助市场的竞争、选择与模拟交易，借助行为约束水平的不断提升以确保工作效率的提升。因此，新公共管理的特征可以归结为五大特征：

（1）引入企业管理的理念和方法，重塑公共部门管理。

（2）引入竞争机制，用市场的力量改造政府、提高工作效率。

（3）公共行政实现了由内部取向向外部取向的转化。

（4）强化和明确政府责任，改变组织结构。

（5）提高政府的管理和服务意识，再造政府与社会的关系。

这五个方面特征归结为两大核心内容：第一，对绩效的关注；第二，针对责任的关注。前三种特征的重点在于绩效，后两种特征的重点在于责任。

（二）委托代理理论

在20世纪70年代，信息经济学逐渐兴起，其中有这样的理论观念：首先，因人类在认知方面的局限性，信息不对称的情况时常出现；其次，不同的人所掌握的信息也都是不对称的。信息经济学的相关理论假说给委托代理理论的成立构成了理论方面的基础。

在16世纪，地理大发现的出现使委托代理关系由此产生，国际贸易也由此出现，特许公司也在这种情况下不断扩张。在那个时期，特许公司主要以契约公司及早期的股份公司的状态而存在。其中，前者的股东数量较多，因此无法让每个股东都参与到企业的生产管理过程中，只能将公司的经营权委托给专门雇佣的职员，委托代理关系由此产生。这种关系可以说是一种显性或隐性的契约，按照契约，委托人有权力制定或雇佣代理人进行相应的服务。在现代企业之中，基础的委托代理关系其实就是所有权与经营权的委托代理。现代企业之中，所有权仍然处在核心地位。尽管委托人或代理人的身份可能发生变化，但整体的关系是不会发生改变的。当前，这一关系在各类组织与合作中都能看到，也有很多都表现在股份制企业中资产所有者与公司管理者之间的关系。

在 20 世纪 90 年代中期，产权经济学的研究者詹森及麦克林（C. J. Ensen & W. H. Meckling）提出了"委托代理理论"，将社会生活、政治生活进一步理解成委托人与代理人间存在的契约关系。他们认为，这种现象在社会各类组织及其活动中都广泛存在，它的中心和重点就是代理人问题。所谓代理人问题，就是代理人的行为和效果可能会与委托人的希望存在偏差，而委托人又很难对其进行观察与监督。此时，委托人的利益就很有可能受到损害。

在实际生活当中，代理人问题出现的原因是代理人本身可能存在的一系列问题与信息不对称情况的存在。具体而言，代理人问题可能表现为下列两种情况：首先表现为道德风险。它意味着在现实生活之中，因不确定性和信息不对称情况的存在，代理人本身的行为存在不可观察和不可证实的特点。代理人很有可能为了追求自身利益的最大化而使委托人的利益受损。其次表现为逆向选择问题，它意味着在委托人与代理人正式形成委托代理关系前，代理人就已经提前知道一些信息，并凭借这些信息签订有利自身的契约。上述两种情况都会导致委托人的利益受损。在这种情况下，委托人应当建立起监督、激励机制并不断对其进行健全与完善，确保委托契约能够得到科学的管理与实践，最大程度上确保个人利益不受损害。然而，在实际生活中，只要委托代理关系确定，相应的"道德风险"就一定会出现。其解决的主要途径是：其一，建立相应的信息渠道，改变委托方和代理方之间严重信息不对称的状况，使之利用最少的信息成本，制约和规范代理人的行为，并使委托者的委托效果也能清晰地得到监督和察看；其二，制定一种促进竞争、增强激励和加强约束的激励相容制度，拒绝竞争激励不足和约束软化，使每个代理者即使是追求个人的目标，其客观效果也能正好达到委托者所要实现的目标。[1]

（三）交易成本和产权理论

新制度经济学的各种理论中，交易成本理论上可以说是一项基础性

---

[1]　楚红丽：《公立高校与政府、个人委托代理关系及其问题分析》，《高等教育研究》2004 年第 1 期。

内容。有人认为，在实际生活中，无论什么样的复杂物品，在生产时都会含有资本所有者、劳动力、土地、专业知识等各类交易，并且产生成本。从这一理论出发，可以将交易成本具体划分为搜寻、谈判、缔约、执行以及监督方面的成本。

交易费用的存在范围十分广阔，它也是公共管理组织及服务模式进一步建立的关键性依据。在公共管理的具体实践过程中，交易成本的意义是十分重要的。从政治、经济、管理及社会成本多个角度能够发现公共管理方面存在效率与能效的双重问题，只有确保这些问题得到合理解决，公共管理才能不断优化。

所谓产权，就是建立在社会强制性之上，从一种经济物品具有的不同用途中开展选择活动的相关权利。产权可以进一步划分为私有、共有及俱乐部产权这几种。产权经济学持有"经济效率建立在产权明晰的基础上"的相关理念。从这一观念出发，公有产权因其"公地"的性质，因不明晰的产权，会有很高的监督及实施的相关费用，且效率也比较低下。在食品安全监管领域中，因公共产权的存在，也导致了"反公地悲剧"的产生。所谓"公地悲剧"，意味着当资源所有权并不明确的时候，每个公众都是能够使用公共资源的，但此时，资源很有可能被过度使用了。20世纪末，来自哈佛大学的迈克尔·黑勒（Mickeal Heller）正式提出了"反公地悲剧"。与"公地悲剧"相反的是，"反公地悲剧"意味着一种资源能够被很多人使用，每个人都可以阻止其他人使用资源，并且资源只有在得到所有人同意的前提下才能进行使用。在中国，食品安全监管体系中的"分段负责机制"也面临着这一境况。针对这一领域的管理机构来说，任何部门都拥有管理权，但如果出现一个部门不履行自身职责，那么整体的机制就无法运行下去。

（四）经济监管理论

在经济监管理论中，监管其实是经济的产物，它的分配方式是由需求与供给共同决定的。这一观点强调，从需求方的角度来看，被监管行业能够掌握更全面的信息，对于公司利益就比较重视；从供给方的角度来看，如果掌握更多政治权力的群体有更多需求，那么这一群体就能够进行监管。

目前，经济监管理论已经逐渐走向完善，它最大的优势在于其自身具备的可检验的假设与符合逻辑的推理。经过假设与推理，能够得出下列结论：首先，假如监管对于生产者有利，政策或价格也不会有利于产业利润最大化；其次，监管在市场失灵的状态下更有可能出现；最后，在相对竞争激烈或垄断存在的产业部门之中，监管最有可能出现。原因在于，监管能够在此类部门中发挥最大作用。上述结论都有助于经济监管理论的发展。

从某种程度而言，在食品市场之中，食品安全监管其实也是经济产物，它的具体分配模式是由市场的供需状况决定的。当前，中国的食品安全状况也意味着市场对于监管的迫切需求心理，必须确保高效、完善的监管，才能针对食品市场上存在的失灵问题进行处理。

（五）"不完备法律"理论

许成钢和卡塔琳娜—皮斯托（Katharina Pistor）站在经济法学领域提出了"不完备法律"的相关理论。这一理论的存在是以一个假设性条件为前提的，那就是法律的完备性。完善的法律意味着法律条文的详尽，只要存在案件，无论是法官还是一个普通的、有教育背景的人，都能够按照法律准确地判断案件是否违法，若违法应当怎样处罚。然而，我们在实际生活中的法律其实都不是完善的，也就是不完备的。这也就意味着，法律不会完全实现最优设计，立法者无法考虑到所有的行为模式，从而也就无法将可能出现的有害行为都以量化的标准进行确定和惩罚。此时，应当有一个独立于法院之外的结构，也就是在政府管制下的机构开展主动性的执法活动。这种规制的好处是：首先，规制者能够通过较为主动、灵活的方法针对市场主体出现的错误决策作出反应；其次，规制者能够获得相应的约束，但在这种情况下，经济活动不当干预的成本也会有所提升。从这种情况来说，政府的规制与法院执法相对比来看是具备其自身优势的。

同时，这一理论还强调了以下观点：由逻辑角度出发，管制的引入是需要两种具体条件的：首先是能够对产生损害结果的具体行为类型进行判断，帮助管制者确定相应的内容，管制者的权限也能进行清晰的限定；其次，管制者能够预期到足够高的损害程度。这种观点有理论及经验这两种层面上显示了法律本身存在的不完备性的特点。在这种情况下，法院无法确保最优设计得到实现，而法院在执法时，面临市场失灵的情况就会出现低效的问题。除此之外，法律本身具备的不完备性理论能够针对主被动执法的相关理念分析，进一步指出政府管制方式的必要性。此外，这一理念能够说明政府在部分领域出现弱化或加强的原因。由此可见，法律不完备理论是具备其现实意义的。

食品市场是比较特殊的，它无法同时具备上述两种条件。这种情况也说明在进行食品安全治理的过程中，应当对监管者和法院的力量进行综合性的利用，确保剩余立法权和执法权得到合理配置。

二 食品质量安全监管的经济学理论基础

食品安全问题本身存在经济类问题的特点，这也意味着应当采取经济学领域的相关研究成果来解决此类问题。

（一）食品安全的外部性特征

食品安全问题应当由政府介入干预的重要原因在于其具备的基本特点，也就是外部性及信息不对称。在食品安全问题领域，外部性有以下两方面的体现：首先，在食品市场中，正规厂商生产出的高质量的安全食品能够对消费者及厂商具备正外部性；其次，非正规厂商生产出的劣质产品会对消费者及正规厂商具备负外部性。

具体来说，正外部性意味着正规厂商严格按照标准生产出的安全食品能够确保消费者对于食品本身具备的营养、卫生和安全需求得到满足。此外，正规厂商的产品可能会使消费者产生"市面上所有食品都是安全、优质的"的直觉。一旦消费者无法区分安全食品及伪劣食品，就很有可能用同样的价格购买了劣质产品，"支持"了非正规厂商的发展。

负外部性意味着非正规厂商不按照标准生产出的伪劣食品对消费者的身体、精神健康造成了损害。此外，非正规厂商生产出的产品很有可能使消费者对市面上的所有食品产生失望的心理。一旦消费者无法区分伪劣食品和安全食品，就会抵制所有的食品产品，这样会使正规厂商的利益受到损害。

外部性具有非排他的特点，无法通过市场机制中存在的"自动设置价格"特点实现优胜劣汰，逆向选择由此出现，正规商品反而会被伪劣商品所驱逐。总结来说，正规厂商的生产活动可能无法因自身生产活动所具有的正外部性受到补偿，这意味着其边际成本大于边际收益；

非正规厂商的生产活动可能不会因自身生产活动的负外部性而受到惩罚，这意味着其边际收益大于边际成本，市场失灵由此出现。此时，为了进一步提升食品安全水平，政府干预就显得非常重要了。

在宏观领域，食品安全同样面临外部性问题。食源性疾病可能会引起下列两种成本：第一种是消费者本人或生产厂商所承担，第二种是社会承担。第二种成本含有公共医疗机构所需要支付的医药费。如果劳动者失去劳动能力，就不利于社会生产力的提升，也会抵消名义 GDP。

（二）食品安全信息在生产商和消费者之间的不对称问题

生产商在进行食品的生产加工时，对于环境、原材料等各个方面的信息势必会多于消费者，而消费者很难完全掌握食品安全方面的全部信息，由此产生信息不对称的情况。而这种情况所造成的结果是：安全食品的供给难以满足社会需求，供给与需求难以达成均衡。当市场机制发挥作用时，消费者无法独立判断出食品的内在安全水平，只能通过平均的水平针对整体的安全情况实现评价并支付相应的价格。一旦正规食品与伪劣食品的质量差距过大，受益者势必会是生产伪劣食品的厂家。此时，受益的厂家不会主动地披露信息，正规厂商虽然希望进行信息的披露，但由于消费者获取、处理信息的能力不足，并且只能支付出平均的价格，使正规厂商的经营出现了亏损，进一步限制了信息的披露情况。同时，由于食品安全涉及了很多化学领域的成分特性，信息不对称难以借助市场机制本身得到解决。

在食品安全领域，信息对称有下列四种情况：首先，消费者能够获取食品安全领域的全部信息，像色泽、气味等都能够完全获取。其次，消费者在购买商品之前无法获取全部信息，但购买后能够获得相应的色泽、口感和新鲜程度等信息。此时，市场调节是促使外部性及安全信息问题得到解决的主要力量，无须政府介入。再次，生产者能够完全掌握食品安全信息，消费者无论购买与否，都无法掌控相应的信息。此时，标签与经过认证的第三方机构可以进行信息披露，此时，政府应当对商品的标签与认证制度进行强制性规定，这就是政府与市场双重机制发挥作用的结果。最后，无论消费者购买与否，厂商与消费者都无法获取全部信息。此时，市场机制已经完全失灵，政府应当全力解决此类问题。

在 20 世纪 70 年代至 90 年代末期，有三位美国学者以消费者获得产品质量信息在方式上的区别，把商品划分为三个种类：搜寻品（search goods）、经验品（experience goods）及信任品（credence goods）。其中，搜寻品意味着消费者在购买商品前就能得到关于质量等方面的信息特征，像产品的颜色和气味都属于此类；经验品意味着消费者在购买后能够获取质量等方面的信息，像机械产品的耐久性就属于此类；信任品意味着消费者在购买后无法判断其质量，像食品添加剂、农药残留和激素等都属于此类。大多数情况下，人们很难按照以上三种特征针对产品的质量进行区分，导致部分产品的性质难以得出明确的判断结果，食品就属于此类。食品产品的质量信息其实是搜寻品、经验品及信任品的结合体。食品的重量、气味及色泽是购买前就能够得知的信息，这属于搜寻品的质量信息；食品的口感、鲜嫩度是消费者在购买后品尝得知的，这属于经验品的质量信息；食品中是否含有农药和兽药残留，其中的重金属、微量元素的含量以及抗生素、激素和辐照程度的残留是很难被消费者所得知的，就算消费并品尝后，也难以发现，则属于信任品的质量信息。针对食品商品含有的搜寻品特征，可以完全依赖市场机制对其进行调节，政府部门不用对其进行干预；但食品商品中含有的经验品及信任品特征，就会让消费者身处信息不对称的情况之下。就经验品的层面来看，作为厂商，可以借助标签、品牌宣传及质量信息发布来改善这一状况；作为消费者，在购买后便可以得知质量情况，也可以以此为依据决定是否要继续购买；作为社会中介组织，可以使用第三方提供的质量认证作为信号，以便于推动质量信息不健全、不对称情况的改善，帮助经验品实现向搜寻品的转换。

食品商品中存在的信任品特征，可能使消费者和生产者都面临危机。首先，信任品中存在的"不完全信息"的弊端可能导致消费者和生产者都不了解食品质量的相关信息；"信息不对称"的弊端可能导致消费者无法掌握一些生产者已掌握的信息。为了解决这一问题，应当借助食品安全管理能力的提升、技术能力的加强促使信息不完全问题得到改善。举例来说，可以开发出准确、快速、低成本的检测方式，并进一步研制出高效的食品安全监管体系，招募高素质的、能够完成此类工作的工作者。同时，消费者自我保护意识的提升也是关键环节。

为了彻底解决生产者与消费者之间存在的信息不对称问题，可以参照"柠檬市场"的相关理论。学者阿克洛夫在针对"非对称信息市场"进行研究时写作的带有划时代意义的论文《柠檬市场：质量不确定性和市场机制》中，开创性地研究了当质量和信息存在不确定性时，它与市场选择之间的联系，并进一步提出了市场失灵时会存在的逆向选择的相关问题。所谓"柠檬市场"理论，意味着买卖双方之间存在信息不对称情况时，买家对于商品的质量缺乏真实的认知，购买商品时一般会按照市场中的平均质量水平进行购买。此时，优质商品的生产成本相对较高，但却只能获得平均收益，此时成本大于收益，在正外部性的作用下不得不退出交易市场，导致市面上商品的水平不断下降。由此循环下去，优质商品很难在市场中存活下去，最终导致伪劣商品战胜了高质量产品，最终形成了一种以"劣胜优汰"为特征的逆向选择。

为了彻底纠正市场机制失灵的情况，应当确保自身能够获取足够的质量信息、交易方面的谈判机制和监管、执行机制。而获取信息、推动机制形成的成本就是交易成本。交易成本的形成是比较可观的。举例来说，针对牛奶样品进行检测时，可能要支付超过 1000 元的检测费用。生产者缺乏支付检测费的动力，消费者缺乏支付检测费的能力。此时，政府应当站在社会公共利益的角度进行产品质量管理。食品安全带有的信任品特征更需要政府用"看得见的手"弥补"看不见的手"引起的缺陷。

（三）食品安全的公共产品特性

所谓"外部性"（externality），指的是从经济层面来讲的非效率状态，它意味着企业或个人针对市场以外的个体强制性地增加成本及效益。笔者在上文提到，食品商品存在不安全的隐患，可能产生负外部性的特征，使经济社会的运行出现低效的弊端。站在效率角度而言，生产的经济性要表现出企业生产的私人收益同社会收益间的距离。产生正外部性时，私人收益较社会收益而言较小；产生负外部性时，私人收益较社会收益而言较大。这也就意味着，一旦存在外部性，社会成本就含有私人成本和外部成本。用公式可以表示为：

社会成本 – 私人成本 = ±外部成本

也可以使用等式：SC – PC = ± EC

式中，SC 代表社会成本，PC 代表私人成本，EC 代表外部成本。

一旦等式右边值为负数时，代表负外部性的存在，也就是私人成本大于社会成本，会给社会造成负担；一旦等式右边为正数时，代表正外部性的存在，也就是私人成本小于外部成本，不仅会给社会造成负担，还会带来额外的负担。

食品安全领域存在信息不完全性与不对称性，一般都会产生负外部性，最终使市场失灵。所谓市场失灵就意味着市场失去了估价及分配社会资源的能力，无法将社会成本体现在食品价格之中，使价格无法弥补生产成本，而食品安全所具有的负外部性也会导致社会净福利出现损失。

目前，全社会已经普遍认同食品安全领域存在的负外部性，但对于"正外部性是否存在"这一问题还没有形成统一的见解。有研究人员指出，食品本身和食品安全是带有非常明显的私人和公共物品的双重性。针对公共品方面的理念，萨缪尔森强调，公共品其实是正外部性所带有的极端情况。所谓公共品，意味着"不能排斥他人共享，一旦将商品的效用进行扩展则不需要耗费任何成本"的商品。它带有两种非常重要的特点：一是非相克性，也就是增加消费并不需要提升成本；二是非排斥性，也就是不能排除他人共享。在一般情况下，食品安全是不带有这种特点的。然而，提升食品安全水平的重要目标是确保公众的安全水平得到提升。公共安全其实是典型的公共产品，需要政府的投入。政府应当加大公共健康领域的相关投入，帮助资源更多地转向提升公共卫生安全的相关领域，促使社会福利得到提升。在这种情况下，尽管食品从本质上来看不是非公共产品，但却构成了公共安全的基础，所以这一问题自然也就划归到公共安全问题的范畴中。政府部门要对食品安全问题进行监管，也就是要确保社会公共安全问题得到提升。

总之，针对食品安全监管的社会理由应当有以下三种：首先，确保信息的不完全和不对称性得到纠正；其次，改善其中存在的负外部性问题；最后，食品安全监管其实是社会监管的概念，本质上还是应针对社会公共安全开展相应的管理活动。

三　食品安全监管研究的系统工程理论基础

20世纪30年代末期，系统的概念正式产生。它是一种科学性的概

念，意思是"会产生相互作用的各种要素所形成的综合体"。系统有
"整体性、相关性、目的性以及环境的适应性"等方面的特点。其中，
整体性意味着构成系统的每个要素间要进行联系与相互作用，其实都要
在整体的协调范围内。系统要素的相关功能应当服从于整体的功能，且
整体所具有的功能也不是每个要素功能的简单相加；相关性意味着构成
系统的每个要素间具有相互作用和联系的特点，同时，它们还相互制
约。在整体系统中，如果某一种要素改变，其余要素也应当进行调整，
确保系统能够在最佳的状态下继续运行；目的性意味着人们在行动过程
中所要达到或实现的结果及愿望，它要求人们能够系统地确定目标，通
过不同的调控方式将系统的走向引导至预期目标之中，实现系统整体的
优化。系统所具有的环境适应性不但包括系统本身所包含的要素，还意
味着在某种环境中，应当确保外部环境得到适应。同时，系统应当多与
外界进行物质、能量与信息方面的交换，以确保系统整体得到稳定的
发挥。

在食品的安全监管领域，有很多种类的要素都包含在内。此类要素
是与一些特定的关系进行联结，构成整体的系统后，整体便具有了其他
要素所不具备的新的属性。在这种情况下，应当从整体性、相关性、目
的性及环境的适应性这几个层面的特点开展具体分析。

第二章　我国食品产业及发展现状

第一节　我国食品行业分类

食品的工业加工常涉及加热、冷却、干燥、化学试剂处理和发酵、辐照或各种其他处理。[1] 有人将食品加工方法分成了食品的热加工、食品的低温保藏、食品的罐藏、食品的腌渍、食品的烟熏、食品的干燥、食品的浓缩、食品的搅拌混合与均质、食品的膨化、食品的发酵、食品的辐射保藏等传统加工方法以及膜分离、超临界流体萃取、微胶囊、水油混合深层油炸、真空油炸等加工新技术。

食品加工行业大约可以分为 19 个专业：①谷物食品专业；②淀粉及其制品专业；③果蔬制品专业；④肉食制品专业；⑤蛋制品专业；⑥水产制品专业；⑦乳及乳制品专业；⑧食用油脂专业；⑨食糖专业；⑩糖制品专业；⑪蜂产品专业；⑫茶叶专业；⑬罐头专业；⑭饮料专业；⑮酒专业；⑯调味品专业；⑰工业发酵专业；⑱特殊营养专业；⑲烤烟专业。[2]

我们可以将食品工业分成以下四大类：

（1）食品加工工业：含有粮食和饲料加工业、植物油加工业、制糖业、屠宰和肉蛋加工业、水产品加工业、食用盐加工业以及其他的食

---

[1]　王璋、许时婴、汤坚：《食品化学》，中国轻工业出版社 1999 年版，第 177 页。

[2]　江永玉：《食品及农副产品加工标准化知识》，北京大学出版社 1989 年版，第 22—23 页。

品加工业。

（2）食品制造业：含有糕点、糖果、乳品、罐头食品、发酵食品、调味品、食品添加剂及其他食品的制造业。

（3）饮料制造业：含有酒精、饮料酒、软饮料、制茶以及其他饮料的制造业。

（4）烟草加工业：含有烟叶复烤业、卷烟制造业以及其他烟草加工业。

目前，中国的食品加工业正处于面向安全、营养、美味、快捷、便利和丰富的方向发展的重要阶段。在中国的食品加工产业之中，烟、酒、保健食品和饮料所占比重较大，且增长较快，而进入一日三餐的食品、婴幼儿食品、老年食品等特种营养食品，无论品种还是数量均不足。因此，必须合理调整我国食品工业的行业结构和产品结构，提高食品的加工深度，使加工食品在膳食中的比重不断上升。食品加工的结构要适应食物消费结构的特点，应着力推动营养的妇幼食品、保健食品、有益智力发展的学生食品及能够帮助延缓衰老的老人食品的发展，确保一系列方便食品、快餐食品、调味品、果汁菜汁等食品、饮料产业的进一步发展。

加工食品的种类主要包括三大类：一是方便食品；二是儿童食品与老人食品；三是营养保健食品。[1]

1. 方便食品

方便食品一般分为四类：

（1）主副食方便食品：如方便面、方便米粉、方便米饭、谷物早餐、八宝粥、汉堡包、焙烤食品（面包等）、工厂化生产的馒头；各种畜、禽、肉、蛋、蔬菜的熟食制品（如软罐头、火腿肠、炸薯条等）；各种汤料、配菜、调味料，各种饮料、啤酒、冷食等。

（2）快餐食品：有中式与西式之分，包括为广大工薪阶层服务的方便盒饭、为中小学生设计的营养午餐食品、为游客准备的旅游食品等。

（3）速冻食品：如速冻饺子、包子、春卷、烧卖，各种点心以及

---

[1]　王尔茂：《食品营养与卫生》，中国轻工业出版社1995年版，第124—127页。

蔬菜，肉禽分割小包装等食品。

（4）方便半成品：如加工成各种形状按不同风味配料调味的肉、禽、蔬菜副食半成品。

2. 儿童食品

儿童食品分为四类：

（1）婴儿食品：包括鲜牛乳、全脂乳粉、调制乳粉、代乳粉（如"5410"配方食品）、婴儿配方乳粉Ⅰ、婴儿配方乳粉Ⅱ等。

（2）断乳食品：包括断乳期配方食品和断乳期辅助食品。

（3）幼儿及学龄前儿童食品：如"5410"婴幼儿配方食品、各种营养强化食品等。

（4）学龄儿童食品：主要是学生课间餐和午餐。

3. 老人食品

老人食品包括富含维生素、高蛋白、补钙、低脂、低糖、低钠等食品以及对老年人有针对性的滋补品。

4. 营养保健食品

营养保健食品按其成分和性状规格可分为以下几类：饮料、乳制品、酒、糖果、糕点、茶叶、各种营养口服液、蜂产品等。

按照国家标准 GB/T 7635—2002《全国主要产品分类与代码》，分为 19 大类，1153 种加工食品。19 大类包括：肉和肉类加工品；加工和保藏的鱼等水产品及其制品；加工或保藏的蔬菜；果汁和蔬菜汁；加工和保藏的水果和坚果；动、植物油脂；经处理的液体乳和奶油；其他乳制品；谷物碾磨加工品；淀粉和淀粉制品、豆制品、不另分类的淀粉糖和糖浆；烘焙食品；糖；可可、巧克力及其制品、糖果、蜜饯、糖或果仁等制的小食品；通心粉、面条和类似的谷物粉制品等；不另分类的食品；乙醇（发酵）、蒸馏酒、利口酒等配制酒和其他含酒精饮料；麦芽酒和麦芽；软饮料、冷冻饮品。

笔者在研究过程中针对食品所下的定义是按照《中华人民共和国产品质量法》及《中华人民共和国食品安全法》为依据，再加上食品本身含有的特点而作出的。总体而言，食品就是"经工业加工制作而成，能够为人们所食用或饮用的成品"。还可以从工业品的角度针对食品下定义，也就是"将农、畜、水产品经加工、制作后进行销售的成品，它不包含像养殖业或种植业所直接产出的初级食用农产品"。

第二节　中国食品产业发展的现状

在中国，食品工业也是支持国民经济发展的关键产业。从 20 世纪 80 年代初期至今，改革开放已经经过了 40 余年的发展里程。目前，在国民经济的发展中，食品工业已经成为影响国民经济发展的关键性产业，能够在很大程度上推动经济社会的发展。尤其是从 21 世纪至今，食品工业的发展更是获得了飞速发展，进一步助推了相关产业的发展，同时也有利于民众的就业问题。具体来说，表现为以下几点：

一　食品工业获得长期的稳健发展，经济效益不断提升

从统计结果来看，2015 年，我国在食品工业领域的销售收入就已经超过了 2 万亿元，同比增长了 7.10%；在 2016 年前三季度，中国食品工业销售收入就已经达到了 16903 亿元，同比增长了 8.48%。预计未来五年（2017—2021 年）年均复合增长率约为 7.15%，到 2021 年，中国食品工业销售收入将达到 33209 亿元。2016 年，中国食品行业规模以上工业企业已达到 42144 家，是 2012 年的 125.32%，占全国工业的 11.13%。

乳制品行业生产集中度更为明显。2015 年，大型企业数量达到 49 个，是 2012 年的 111.36%，以 7.68% 的数量占比，实现了 45.12%、42.40%、44.72%、42.80% 的资产总额、销售收入、利润总额与上缴税金行业占比。

屠宰及肉类加工行业中，2015 年，大型企业达到 148 家，以本行业规模以上企业 3.76% 的数量占比，实现了 32.3% 的主营业务收入的占比。中型企业 653 家，以本行业规模以上企业 16.57% 的数量占比，实现了 29.3% 的主营业务收入占比。

食品添加剂行业中，大多数产品都经过了充分的市场竞争，产业集中度高，特别是出口导向型产品。乙基麦芽酚产品目前国内以两家企业为主，占据了大部分国际市场；糖精、阿巴斯甜、安赛蜜等甜味剂生产企业已不到 5 家，产量在国际市场完全占有主导地位；辣椒红色素出口

占全球市场的 60%，仅龙头企业河北晨光生物科技有限公司一家就占了全国出口量的一半以上。

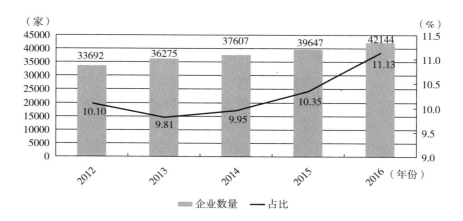

图 2 - 1   2012—2016 年食品工业规模以上企业数量及在全国工业占比
资料来源:《2017 年中国食品产业发展报告》。

生物发酵行业中，大型企业具备相当的规模，形成了优势产品，可以掌控大宗产品的产量、市场和技术，具有较强的国际竞争力，已成为多种发酵产品的"世界工厂"。谷氨酸发酵企业从"十二五"初期的 20 多家，减少到 2015 年的七八家，产能最大的前三家企业年产量占全国总产量的 80% 左右。赖氨酸产能最大的前五家企业，产量占全国总产量的 70% 左右。

据中国食品经营企业数量统计，制糖业中，2015/2016 年度制糖期，前 10 家制糖企业的产量超过 40 万吨，占全国食糖产量的 72.6%，比上个制糖期提高 0.3 个百分点。罐头行业中，番茄酱罐头行业排名前五的企业加工总量占行业的 70%，八宝粥行业中的两家龙头企业产量占据了市场的 2/3 以上。方便食品制造行业中，占企业总量 10%—20% 的大型企业，占据了 80% 以上的市场。①

---

① 《中国食品经营企业数量统计》，中国报告大厅，http://www.chinabgao.com/k/ship-in/31829.html，2018 - 02 - 23。

二　中国的食品工业经过了几十年的飞速发展，目前已经超过了很多发达国家，一跃成为全球食品工业排名第一的产业

从国内的角度来说，食品工业在我国国民经济的所有部门之中排名第一。有统计结果显示，从"十二五"时期我国食品工业发展的形势来说，整体已经实现了规模效益的稳步提升，在相关企业的组织结构及其固定资产的配比领域，较以往也有所优化。尽管在"十二五"后期，我国经济面临下行的压力，经济增速不断下降，但食品产业始终严格落实中央政策，在宏观调控的形势下不断完善，按照"稳中求进"的路线，在顺应市场发展的同时不断调整自身结构，从而实现了生产发展、规模扩大、效益提升、结构优化的良好局面。

一是食品工业整体的规模效益不断提升。2015 年，通过对食品工业调查后发现，相关企业的主营业务收入可以达到 11.35 亿元人民币，较 2014 年同期提升了近 5 个百分点；纳税总额为 9643 亿元人民币，实现了每年超过 10% 的增长速度。在 2015 年，食品工业领域的利润总额超过了 8000 亿元人民币，较五年前增长了近 60%。

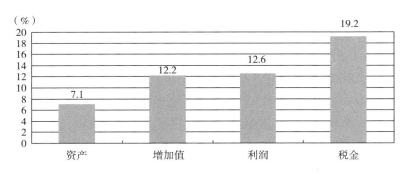

图 2-2　食品工业在全部工业中的占比

二是企业组织结构不断优化，有效满足了消费者多层次的需求。[1] 2015 年，我国食品工业的相关资产占全国总资产的 7%，缴纳的税费在所有产业中占到了近 1/5 的比重。由此可见，食品工业在国民经济中占

① 刘治：《我国食品工业发展状况分析》，《中国食品安全报》，http://paper.cfsn.cn/content/2016-11/05/content_ 43668. htm，2016-11-05。

有重要地位。

在"十二五"时期,食品工业的相关企业得到了飞速发展,生产集中度不断提升。2010 年,营业额过百亿元的食品工业近 30 家。从 2015 年的统计结果中可知,全国位于这一标准和超过这一标准的工业企业有 50 余家,已经提前、超额完成了规划中制定的预期发展目标。

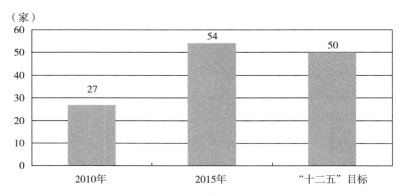

图 2 – 3　超百亿元食品工业企业数量

2014 年,大中型的食品工业企业有近 6000 家,在所有企业中占据了近 16% 的比例,其主营业务收入在全行业内有一半多的份额,利润的总额在行业内可达到 62.9%,缴纳的税费在全行业可达 83.2% 的比例。

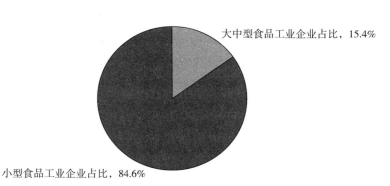

图 2 – 4　不同规模食品工业企业比例

三　固定资产的投资始终处于快速增长的阶段，生产的集中度不断提升

2015 年，食品工业领域的固定资产已经超过了 2 万亿元人民币，较 2014 年度同期增长 8.4%。在"十二五"期间，总体的固定资产投资总额达到近 8 万亿元的水平，较上一个五年计划相比呈现出 2 倍的水平增长。2014 年，中国的食品工业总产值也有大幅增长，总产值超过 6 万亿元人民币。

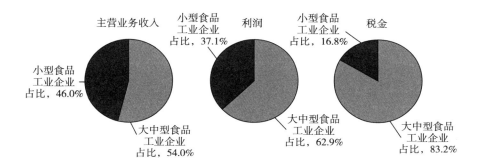

图 2 - 5　不同规模食品工业企业的主营业务收入、利润、税金比例

在所有产业中，食品工业可以说是最早开放的一个带有竞争性质的产业。在经历了数十年的发展之后，食品工业企业已经受到市场经济的充分影响，能够按照市场的方式促使企业的资金问题得到解决。当前，食品工业中固定资产的投资额有近 90% 都是企业自行筹集的，国家投资和外资只占总投资数额的 12%。

四　区域食品工业不断向协调方向发展，食品工业的带动能力不断显现，"三农"问题得到解决后，对经济的推动作用不断提升

2015 年，各食品工业企业的主营业务收入占全国前列的有山东、河南、湖北、江苏、广东、湖南、福建和吉林等地，这些城市的食品工业份额在全国达到了 66% 的比例。

在"十二五"时期，东部地区的领先地位得到了继续保持。2015 年，在食品工业领域，东部地区的主营业务收入达到近 5 亿元人民币，

较上一个五年计划同期提升了 50%；中部地区的农业发展有着悠久的历史，当地正努力将农业方面的优势进一步转变为产业优势，助推食品工业的不断进步。2015 年，我国中部地区在食品工业领域实现了超过 3 万亿元的主营业务收入，较 2010 年相比翻了一番；西部地区享有国家特殊的扶持政策，在政府部门的帮助下，食品工业的发展进入快速发展时期。2015 年，当地在食品工业领域的收入超过 2 万亿元，较上一个五年计划同期提升 84%；东北地区的食品工业收入也有 40% 的提升份额。

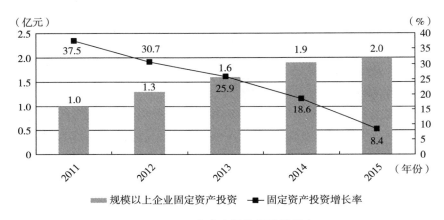

图 2-6　固定资产投资额及增长率

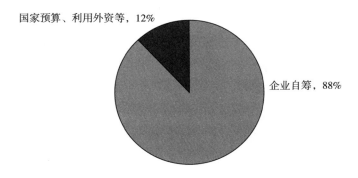

图 2-7　固定资产投资资金来源

　　从增长速度的角度来说，在"十二五"时期，我国中部地区的发展最为迅速，第二位是西部地区，东北地区的发展速度最慢。图 2-8

是 2010 年和 2015 年我国各地区在食品工业领域的主营业务收入比例的对比。由图 2 - 8 我们能够发现，东部及东北地区在食品工业所占的份额比例有所下降，而中部地区的相应份额则有所提升。

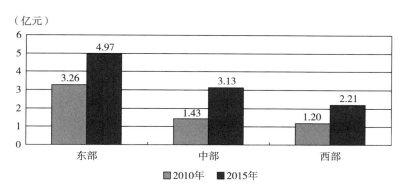

图 2 - 8　东、中、西部地区食品工业主营业务收入

在我国中西部及东北地区，食品工业的主营业务收入在全国所占的比重从 2010 年到 2015 年提升了 3 个百分点，基本达到了"十二五"所规划的目标。

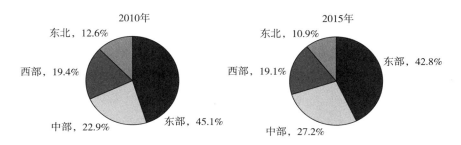

图 2 - 9　2010 年和 2015 年区域食品工业占比

五　我国对外贸易的总水平有着很大提升

在"十二五"时期，2015 年，我国在食品行业的进出口总额达到近 1 万亿元的份额，出口额约 4000 亿元人民币，进口额约 6000 亿元人民币。2011—2015 年，食品的进出口贸易总额超过了 7000 亿美元，较

"十一五"期间提升了近100%的份额。在这五年期间，食品的出口总额达到了近3000亿美元，较"十一五"期间提升了64%；进口总额达到4500亿美元，较"十一五"期间提升了120%。

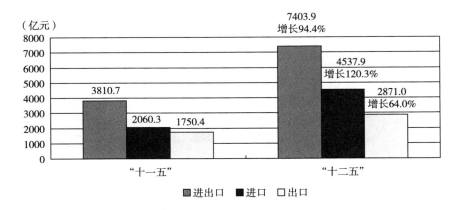

图2-10 "十一五"和"十二五"时期

第三章 我国食品质量安全监管体系

第一节 中国食品安全监管机构

一 改革开放前中国食品卫生管理（1949—1978 年）

在国内，针对食品安全的管理从中华人民共和国成立时就开始了。1953 年年初，"在全国建设卫生防疫站"的决定一经下达，地方各卫生部门就开始着手建设相应的机构，负责食品的卫生监督与管理。在这一过程中，卫生行政部门针对民众生活中必需的大宗消费品进行了卫生标准的制定和监督工作的开展，希望能够避免食物中毒或肠道传染病等相关问题。比如 1953 年卫生部颁布的《清凉饮食物管理暂行办法》是中华人民共和国成立后我国第一个食品卫生法规，扭转了因冷饮不卫生引起食物中毒和肠道疾病暴发的状况；1957 年卫生部转发天津市卫生局关于酱油中砷含量每公斤不超过 1 毫克的限量规定；1960 年国务院转发国家科委、卫生部、轻工业部等制定的《食用合成染料管理办法》，规定了只允许使用的五种合成色素及其用量，化工部还指定了专门生产厂家，纠正了当时滥用有毒、有致癌风险色素的现象。然而当时食品工作的首要任务是解决人民群众温饱问题，食品供不应求、凭票供应，其数量充足比质量安全重要。各级政府通过牢牢掌握食品工业，把保障食品供应作为一项政治任务来抓。食品企业生产经营基本处于政府的直接管控之下，政企合一的特征十分明显。

1953—1978 年，中国食品工业总产值年均递增 6.8%。与之相适应的是，政府在食品领域的机构和职能逐步扩大和细化，卫生部会同相关行业主管部门共同管理食品卫生，确立了食品行业部门与卫生部门"双头共管"的模式。1956 年政府机构改革后，轻工、商业、内贸、化工等行业主管部门纷纷建立保证本系统产品合格出厂销售的食品卫生检验和管理机构。国务院于 1965 年 8 月转批了卫生部、商业部等五部委制定的《食品卫生管理试行条例》，食品卫生标准的贯彻执行、食品生产经营企业的卫生管理都由其行业主管部门负责，具体是通过思想教育、质量竞赛、群众运动、行政处分等"指令加管控"（command and control）的内部管理方式约束企业行为。卫生部门在整个体制中处于从属地位，无权处理不符合要求的企业，实际上只起到技术指导作用。好在计划时代的企业缺乏独立经济诉求，为追求利润而违规造假、偷工减料的情况并不严重，假冒仿冒现象十分少见。食品卫生问题主要是由工艺、设备、企业内部管理水平不高等因素导致的，属于生产力不发达状况下的"前市场"风险。

二 混合过渡体制（1979—1993 年）

（一）改革开放初期食品产业发展和食品卫生问题

党的十一届三中全会提出把全党和国家的工作重点转移到经济建设上来。食品生产、经营、餐饮服务行业具有门槛低、投资少、需求大、见效快等特点，迅速吸引了大批劳动力。尽管国有食品生产经营企业仍占主导地位，私营、合资、合作、独资、个体等不同所有制形式的生产经营者大量涌现，其行为模式也发生深刻变革。例如在计划经济时期，政府通过定点生产控制食品添加剂、食品包装材料质量。随着统购统销模式逐步退出，产品只要符合国家卫生标准就可以出厂流通。竞争机制激发了市场主体积极性，供需基本平衡，而人民群众对食品的需求也开始从温饱向多样化转变。1979—1984 年，中国食品工业总产值以每年 9.3% 的较高速度增长。

经济基础的变化迫切要求改革经济体制管理模式。经国务院批准同意，卫生部于 1978 年牵头会同其他有关部委组成"全国食品卫生领导小组"，组织对农业种植养殖、食品生产经营和进出口等环节的食品污染开展治理，具体包括农药、疫病牲畜肉、工业"三废"、霉变等。应当承认，改革开放初期的食品卫生监督工作取得明显进展，1982 年食品卫生监测合格率达到 61.5%，其中冷饮食品的合格率从计划时代的 40% 左右提高到 90% 以上，酱油的合格率从 20% 提高到 80% 左右。

然而《食品卫生管理试行条例》和 1979 年颁布的《食品卫生管理条例》只将全民和集体所有制企业列为食品卫生监督管理对象，导致大量食品生产经营者处于法规范围之外。从这个意义上说，食品卫生监督制度已经滞后于经济形势，进而制约了食品产业健康发展。同时，随着经济体制改革推进和市场不断扩张，食品产业规模、技术手段、产销行为日趋复杂。搞活经济的政策提供了致富环境，各类所有制经济企业追求商业利润的动机日益强烈，诱发变通、逃避、对抗监督执法的机会主义行为，甚至采取非法手段牟取暴利。在市场扩张和管理滞后的双重因素影响下，这一时期除了"前市场"风险因素，食品领域出现了因市场竞争和利益驱动引发的人为质量安全风险，恶性中毒事故不断发生。

（二）食品卫生管理初步法制化

在总结 30 多年食品卫生工作经验的基础上，1982 年 11 月 19 日，第五届全国人大常委会第二十五次会议审议通过了《中华人民共和国食品卫生法（试行）》（以下简称《试行法》）。这是中国食品卫生领域的第一部法律，其篇章结构总体完备，内容体系较为完整。该法对食品、食品添加剂、食品容器、包装材料、食品用工具、设备等方面卫生要求，食品卫生标准和管理办法的制定，食品卫生许可、管理和监督，从业人员健康检查以及法律责任等方面都做了翔实规定，初步搭建起现代食品卫生法制的基本框架。

《试行法》规定国家实行食品卫生监督制度，改变了各级政府非常设机构——食品卫生领导小组负责食品卫生监督管理的格局，明确各级卫生行政部门领导食品卫生工作及其执法主体地位。鉴于计划经济体制依然存续，法律并未改变卫生部门与行业部门分工协作的管理体制，其中卫生部门负责食品卫生监督执法，行业主管部门侧重企业内部生产经营规范管理，包括如下特征：首先，县级以上卫生防疫站或卫生监督检验所负责辖区内食品卫生监督工作。其次，政企合一特征显著的铁道、交通、厂矿等部门和单位，其卫生防疫站在管辖范围内执行食品卫生监督机构职责，同时接受所在地食品卫生监督机构业务指导。最后，关于城市及乡村农贸市场中的卫生管理和一般的检查工作责任是工商行政管理部门承担的，该部门于 1978 年重建；其中的食品卫生监督检验的相关工作责任是食品卫生监督机构承担的；畜禽兽的卫生检验工作责任是农牧渔业部门承担的。对于进口食品而言，相关的卫生检疫工作应当由卫生部门中的食品卫生监督检验机构承担相应责任，出口食品要经过国家进出口商品检验部门的检验。此外，对于食品生产经营企业的主管部门而言，应当承担本部门内的食品卫生检验工作，并且应当促使部门不断完善，并配备专门的卫生管理人员。

（三）传统和现代交织的食品卫生管理手段

在产业基础不断改变、管理体制发生变革的今天，一些传统的行政干预手段，像行政指令、教育劝说等所能够取得的效果显著下降，食品卫生监督领域的政策工具也需要进一步丰富和完善。在这种情况下，政府可以通过制定新的标准和奖惩措施，引入司法裁判等方式促使监督管理方面的绩效不断提升。早在 20 世纪 80 年代初期，卫生部就下设机构制订出"食品卫生标准研发"的五年规划，针对调味品、添加剂和包装所使用的材料等与食品直接相关的领域作出规定。随后，我国也加入了国际组织，加入国际食品的标准制定过程中。此外，有关部门也开始重视并充分发挥市场机制，希望能够促使企业对于食品卫生有更高的重视。举例来说，广东省某市为了进一步推进企业内部管理，食品企业开始推行卫生等级申报评审的相关制度，并将结果向全市范围内进行通告。评审结果共分为五个等级，如果企业的等级为三级，就要限期改进；如果企业的等级为四级，就要停业整顿。山东省也针对食品企业的产品进行了质量抽检，将不合格产品进行曝光，希望能够通过这种方式实现企业与政府部门合力改善卫生工作的效果。同时，还有一个重要的改变，就是在 20 世纪 80 年代末期，我国卫生部、物价局和财政部共同颁布了规章条例，限制了来自国家的事业经费方面的补助，而有关机构如果想要获得更多资金，就要通过有偿服务的方式获得。

在食品卫生监督领域，商品经济的不断发展也使整个行业出现了新的生机。上文提到的在 1988 年制定的《全国卫生防疫防治机构收费暂行办法》也进一步推动了卫生状况的提升。在《试行法》的规定下，社会各界关于食品卫生方面的法律观念有了很大提升，食品卫生监测的合格率在 10 年间提升了 20 个百分点。20 世纪 90 年代初，我国食品工业领域的企业数量突破 7.5 万家，员工近 500 万人，在所有工业部门中排名第三。从中我们能够发现，不管是站在经济社会背景的角度来看，还是从管理体制与政策工具方面而言，在改革开放的初步阶段，我国的食品卫生都处于过渡时期。而这也是从计划经济向商品经济过渡、由传统管控向现代监管过渡的独特表现。

三 全面外部监督体制（1994—2002 年）

（一）市场经济下食品产业格局和监管理念

20 世纪 90 年代初，党的十四大明确提出"要实施社会主义市场经济"。针对企业进行管理时，要推动企业的生产经营自主权不断扩大。在这种情况下，国务院开始实施了机构改革，将轻工业部进行撤销，同时成立了中国轻工总会。从这一时期开始，食品企业脱离了轻工业主管部门的体制，代表了实施长达四十年之久的政企合一的管理模式开始改变。自此，食品产业各类市场主体的热情高涨，整个产业也获得了飞速发展。在 21 世纪初期，各食品企业在固定资产领域的投资突破了 5000 亿元，较 20 年前翻了 30 多倍。随后，食品市场逐渐向买方市场进行转型，行业竞争程度不断加剧，消费者也拥有了更多选择。同时，食品产业中的国企数量有所下降，民营、外企等企业数量和规模都不断提升。此时，保健食品开始在市场中占有一席之地。这些变化都说明了食品卫生同改革开放、对外贸易、经济社会发展等政策之间的联系变得愈加紧密。

随着市场竞争的不断加剧，食品行业的主管部门不再延续之前实行的"统购统销、逐级调拨"的管理模式，将权限进行下放。通过这种方式，促使食品企业在生产和经营方面的自主权不断提升，但企业在卫生管理方面的标准也有所下降。一些部门只关注个人利益，没有履行自己作为食品企业应尽的卫生管理责任，还妨碍了监督部门的正常执法行为。此外，还有一些地方为了促进本地发展，助推食品生产企业及批发市场的形成，这导致 20 世纪末一些地方出现区域性的食品产业，并不利于整体产业的发展。一些部门在推进经济发展过程中，忽视了保障食品卫生安全的目标，使保护主义变得更加严重。在这个阶段，我国食品工业领域面临的安全问题由"前市场"风险演化为出于追逐经济利益而产生的人为安全质量风险。

在愈演愈烈的现实面前，我国制定了一些政策以打破地方保护主义，希望能够纠正市场失灵的问题。20 世纪末，中央提出了要提升针对市场的监管力度，确保正常的市场进入、竞争及交易秩序得以维持，促使生产商开展公平交易和平等竞争，确保经营者与消费者的合法权益得到保障。从国家层面来看，针对食品卫生的重视程度也在不断提升，这主要表现在关于重要文件及报告中有关食品卫生的具体表达。90 年代中期，时任国院总理李鹏在作政府报告中明确指出要以法律为依据，提升关于药品、食品及社会公共卫生的监管；随后，食品和社会公共卫生问题受到了国家的充分重视，中共中央与国务院共同发布了《关于卫生改革与发展的决定》，食品卫生成为"五大公共卫生"中的第一位，食品、环境、职业、放射以及学校领域的卫生均受到高度关注。

（二）《食品卫生法》的内容和意义

当《试行法》开始实施十余年后，我国的宏观环境发生了变化。在这一时期，国务院法制局与卫生部大力推动食品安全领域的立法建设，1995 年，《食品卫生法》正式通过，这意味着我国的食品卫生管理工作已经迈入了法制化阶段。《食品卫生法》是以《试行法》为基础，延续了后者的主要框架、制度以及条款，同时又新增了有关保健食品的规定，将行政处罚条款进行了进一步细化，更注重对于街头食品及进口食品的管控。

新法律对于我国的食品卫生监督制度进行了强调，将原有政企合一背景下，行业部门所获得的有关食品卫生方面的管理职权进行了改善，并进一步确立了卫生行政部门在食品卫生领域所处的执法主体的地位。法律规定，卫生部具有"制定食品卫生监督管理规章；制定卫生标准及检验规程；审批保健食品；进口食品、食品用具、设备的监督检验和卫生标准审批；卫生许可证审批发证；新资源食品及食品添加剂等新产品审批；食品生产经营企业的新、改、扩建工程项目的设计审查和工程验收；日常的食品卫生监督检查、检验；对造成食物中毒事故的食品生产经营者采取临时控制措施；实施行政处罚"十种职能。此外，食品卫生的管理工作也由国务院的相关部门，在本部门的职责范围内合理开展。举例来说，农业部门可以监督与管理种植、养殖；交通部门和军队可以管控行业内的食品卫生工作。这样一来，食品领域的外部执法和监督机构的成立，标志着整个监管体系变得更加完善。同时，职责机构与职权范围的进一步划分使外部监督体制得到了全面确立。

新制定的管理体制有助于县级、地（市）级、省级和国家级食品卫生执法监督体系的健全与完善。当前，在我国，从事卫生监督的工作人员有 10 万人左右，相关的技术人员有 20 万人左右，分布于监督检查、检验检测、事故处理以及食源性疾病的防控工作等多个岗位。在 20 世纪末，卫生部将食品卫生的监督管理程序进一步细化处理，提升了针对食品卫生监督领域的执法工作，遵照食品生产经营的相关准入制度，促使行业内多个产品的行政许可更加规范、完善。同时，相关部门连续几年开展全国食品领域的监督抽检与整治工作，处理了多起引发社会关注的食品卫生案件。

（三）新型政策工具兴起和"食品安全"理念提出

党的十四大明确提出我国要实行社会主义市场经济体制，此时，传统的行政干预手段基本不再使用，很多卫生部门在国家立法、技术标准与行政执法方面的工作不断完善，推动质量认证、风险监测与科普宣传等多个领域的监管工作的进一步完善，这具体表现在以下几个领域：首先，确立了与《食品安全法》相适应的近百部规章条例，其中包括食品、食品原料及包装材料、容器和卫生监督等多个领域，其他地区为了配合中央工作，也根据本地实际情况制定了相应的配套法规。至此，一个符合国情、多层次发展的食品卫生法规体系机制已经初步建立。其次，推动标准体系向法制化方向迈进。20 世纪末期，我国已经初步形成了一个含有基础、产品、行为、检验方法标准的完整的食品卫生标准机制。最后，充分借鉴其他国家在食品领域的优秀经验，从我国国情出发，在 21 世纪初颁布并实施了"食品安全行动计划"，构建污染物及疾病的监测网络，实施危险性评估的新模式。此外，政府部门对于食品卫生领域的宣传教育也非常关注。自 1996 年开始，就已经连续 11 年策划并实施"全国食品卫生法宣传周"的相关活动，面向公众披露食品及卫生领域的相关信息，推动每个普通民众都参与到食品卫生的社会监督工作当中来。

所谓的食品卫生，意味着食品应当无毒、无害且同已制定的营养要求相符合。之所以要在食品领域作出一系列规定，主要是为了防止食品污染及有害因素会对人体所造成的危害。在我国食品产业不断发展的今天，原本注重事后消费环节的食品卫生监管机制已经无法满足监管对象的复杂化需求。为了推进监管链条的延续化发展，应当将其覆盖到事前、事中和事后等多个环节之中。21 世纪初，世界卫生大会制定出相应的食品安全战略，指出食品安全在公共卫生中所占的重要地位，希望每个成员国都能制定相应的措施以减少人民受食源性疾病的危害。我国也因此采取行动，提升对于食品安全工作的管控模式。所谓食品安全，是含有表面卫生、质量性状以及内在营养等多方面内容的一个概念，它与农副产品的生产与加工、食品制造与流通和餐饮服务等多个领域都有着密切的关联。

将理念上的转变细化为监管体制内的改革。早在 20 世纪末，国务院开始进行改革，希望能够在最大限度上减少政府机构及工作人员的数量，达到人员的优质优量。即使如此，国家也仍然在严抓食品安全监管工作。有关部门在经过改革后，原本的国家技术监督局进一步更名为国家质量技术监督局，在粮油领域承担了质量和监测标准的制定与实施办法。也是在这一时期，国家出入境检验检疫局由原来的三个部门合并而成，承担全国范围内进出口食品的管理工作。2001 年，我国的工商行政管理局升级为正部级，不但负责之前的城乡集市贸易的食品卫生管理工作，还开始管理在流通领域的食品质量监督的相关职能。2001 年，国家质量监督检验检疫总局正式成立。上述三个新成立的部门均是为了突破以往存在的地方保护主义。在这一目标的指引下，工商、质监以及随后的食药监管局开始实施垂直管理体系，无论是机构管理、经费管理，还是编制管理等各方面与以往的政府部门均有不同。但农业部门还承担着初级农产品在质量方面的监管工作。到这时，我国在食品安全监管领域的各部门均已经按照部门的相关职能进行合并，有利于后期的分段监管体制的发展。

在推进我国食品工业能够稳健、持续、快速发展方面，相关法律的颁布和新理念、新体制的实施起到了非常重要的作用。在这几个方面的共同作用下，我国食品卫生以及质量安全等方面的水平有了极大的进步，很多食源性传染病都得到了控制。按照历年我国统计数据显示来看，2004 年，我国食品卫生监测的合格率超过了 90%，较十年前有了显著提升。此外，全国范围内的食物中毒事件自 1992 年到 2003 年，数量有了显著下降，中毒人数也得到了有效控制。

四　科学监管体制（2003—2011 年）

（一）加入世界贸易组织给食品领域带来的影响

21 世纪初，我国加入了世界贸易组织，这一历史性的事件令中国的食品安全领域发生了变革：首先，随着进口食品涌入国内市场，我国在知识产权、政策性贸易壁垒等各个领域的风险不断提升，消费者的食品安全意识有了显著提高，我国的食品产业处于大分化、大重组的过程中；其次，我国的食品也出口到了国外市场，这意味着食品安全问题已经突破了国界，并且上升到了跨国贸易和外交关系的程度上，带有十分重要的政治意义。

在数十年的发展之后，我国的食品工业已经有了跨越式的进步，行业生产力不断发展，生产体系进一步健全，完善的产业链逐渐形成。在那个时期，我国由食物供应短缺的国家发展到世界范围内的食品工业大国，国家由半封闭变为全面、深层次的对外开放国家，综合国力有了明显提升。2007 年，我国食品工业的产值突破 3 万亿元，利润突破 2000 亿元，较改革开放前的总产值和利润提升了 40 余倍。在所有的食品产品中，大米、小麦粉、食用油、饼干、啤酒、方便面等多种产品都已经处于世界前列的位置。

在经济发展水平提升、社会现代化水平不断提高的情况下，人民群众的利益诉求也在提升。在商品与服务供给方面，人们所追求的已经不再只是数量，注意力更多地集中在质量方面。这一变化体现在食品领域，其表现为：人们的需求从以往的吃饱，到如今的营养均衡、品质提升。但不幸的是，在这一阶段，发生了一系列食品安全事件。2003 年，安徽阜阳出现了"劣质奶粉事件"，显示了政府部门监管力度的不足，部门间缺乏协调统一的配合。而在这一事件之后，国家对于食品领域的关注与管控由以往的社会秩序进一步发展到产业基础、社会稳定和保障民众健康等多个方面。从历年政府工作报告中关于食品安全内容的报告也能感受到这种变化。2001 年，政府工作报告中强调要构建"食品领域的标准与检测机制"；2002 年，政府强调了打击制假售假行为的决心和重要性；2004 年，政府强调还要将重点放在食品药品的整治工作上。与 20 世纪末期相比，我国政府所重视的工作已经发生了本质性的变革，亟待制定新的方针政策实现针对食品安全领域的管理。

（二）"综合协调、分段监管"模式及其挑战

为加强部门间食品安全综合协调，2003 年国务院机构改革在原国家药品监督管理局基础上组建国家食品药品监督管理局，负责食品安全综合监督、组织协调和组织查处重大事故，同时还承担保健食品审批许可职能。2004 年 9 月，国务院印发《关于进一步加强食品安全工作的决定》（国发〔2004〕23 号），按照一个监管环节由一个部门负责的原则，采取"分段监管为主、品种监管为辅"的方式，明确了食品安全监管的部门和职能。其中，农业部门负责初级农产品生产环节的监管；质检部门负责食品生产加工环节的监管；工商部门负责食品流通环节的监管；卫生部门负责餐饮业和食堂等消费环节的监管；食品药品监管部门负责对食品安全的综合监督，从而确立了综合协调与分段监管相结合的体制。该决定同时明确提出，地方各级人民政府对本行政区域内食品安全负总责，统一领导和协调本地区的食品安全监管和整治工作，建立健全食品安全组织协调机制。作为具体工作，由质检总局牵头、会同有关部门建立健全食品安全标准和检验检测体系，同时加强基层执法队伍建设，由食品药品监管局牵头加快食品安全信用体系和信息化建设。

中央编办于 2004 年 12 月印发《关于进一步明确食品安全监管部门职责分工有关问题的通知》（中央编办发〔2004〕35 号），细化了相关部门在食品生产加工、流通和消费环节的职责分工：质检部门负责食品生产加工环节质量卫生的日常监管，实行生产许可、强制检验等食品质量安全市场准入制度，查处生产、制造不合格食品及其他质量违法行为，将生产许可证发放、吊销、注销等情况及时通报卫生、工商部门。工商部门负责食品流通环节的质量监管，负责食品生产经营企业及个体工商户的登记注册工作，取缔无照生产经营食品行为，加强上市食品质量监督检查，严厉查处销售不合格食品及其他质量违法行为，查处食品

虚假广告、商标侵权的违法行为，将营业执照发放、吊销、注销等情况及时通报质检、卫生部门。卫生部门负责食品流通环节和餐饮业、食堂等消费环节的卫生许可和卫生监管，负责食品生产加工环节的卫生许可，卫生许可的主要内容是场所的卫生条件、卫生防护和从业人员健康卫生状况的评价与审核，严厉查处上述范围内的违法行为，并将卫生许可证的发放、吊销、注销等情况及时通报质检、工商部门。

在安徽阜阳奶粉事件发生后，国家食品药品监管局第一时间对其进行了查处，并牵头组织开展食品药品安全领域的"十一五"规划，并于 2005 年到 2007 年实施食品放心工程，在各个省会城市进行食品安全评价、创立建设食品安全示范县区，进一步推动食品药品领域的诚信体系建设，构建食品安全信息的发布与协调沟通机制。我国各地陆续组织建设了由各政府领导牵头、有关工作人员共同参加的食品安全协调体系，除北京市和福建省之外，办公室的设立是由不同级别的食品药品监管局组织进行的。由此，上下联动的综合性协调工作机制正式形成。农业、质监、工商以及卫生等多个部门在相关的组织建设工作中贡献了很大的力量。但是，在分段监管的模式下，一些环节具有职责交叉、多头执法的弊端，导致部门公信力下降，利益问题渐渐凸显。此外，食品生产经营行为所具有的连续性特征，而监督部门所颁布的法规可能与现实情况并不完全吻合，这也使执法者在监督检查方面的工作存在误区和困难，无形中提升了执法和守法的成本。

2005 年，"苏丹红"事件引发了全国的关注，这一问题的产生与食品安全标准和风险沟通有着密切联系；随后，"瘦肉精""地沟油"等食品安全问题不但威胁了民众的身体健康，还在社会上引起了不良反响。2006 年年底，在欧美国家，"中国制造"的食物、牙膏和原料药中产生的危机蔓延开来。在上述牵涉范围广、影响重大的事件中，食药监管部门工作人员的贪污、腐败事件也逐渐浮出水面，引发了热议和广泛批评。上述事件发生后，时任国务院副总理的吴仪在电视电话会议上指出目前食药监管部门所存在的缺陷，即监管工作的指导思想存在偏差、部门内相应工作定位不准确、没能正确处理权利与义务之间的关系，只是注重维护企业、推动经济发展。随后，在科学发展观基础上产生的"科学监管"的概念慢慢代替了以往的工作方式，进一步演变为监管部门工作的指导方针。同时，本次电视电话会议中，中央政府针对地方政府提出了明确的指示，让他们承担起自己应负的责任，并让企业担任第一责任人。

（三）《食品安全法》出台和国务院食安委成立

2008 年，国务院相关机构按照"大部门制"的主题进行了改革，将国家食药监管总局改为在卫生部代为管理下的国家局，将卫生部与该机构的职能进行了对调。其中，卫生部承担食品安全综合协调和查处重大隐患事故的工作，同时还要领导实施食品安全领域的风险监测、评估与预警工作，确立检验机构的资质认定条件，作为向公众传达重要食品安全信息的"传声筒"等。而食药监管局则承担以餐饮业、食堂为代表的消费环节，以及针对保健食品进行监督管理的相关职责。而农业、质检以及工商等各部门还按照原有的分工不变。同年，国务院宣布，把省级以下的食药监督管理部门交由地方政府实施分级管理的形式。在具体工作中，要接受上级主管和同级卫生部门的指导与监督。2011 年，国务院颁布了规定，宣布把工商和质监部门在省级以下的垂直管理机构进一步改变为地方政府的分级管理模式，希望能够通过这种方式进一步加强地方政府针对食品安全领域所要承担的责任。但在实际工作当中，因主客观多种因素的存在，改革开展得不是非常顺畅。

当食品安全分段监管体系确立之后，对于《食品安全法》的修订也一并提上议事日程。为了确保各部门之间不因利益产生分歧，修订法律的具体工作经国务院法制办领导，整合各部门、专家、协会、企业甚至其他国家的一些机构都加入到这项工作中。也正是在这一阶段，《农产品质量安全法》的立法工作进程得以快速展开，在 2006 年获得了审议通过，并付诸实施。对于这项新制定的法律，中共中央政治局在2007 年组织了专门的集体学习，这也表达了政府部门对民众的负责精神，以及整顿农业及食品安全工作的决心。

在《食品卫生法》中，主要围绕规范产业链中不同环节的食品卫生进行了说明，对于初级农产品的生产而言，还没有相关规定。同时，在食品安全风险、下架和召回方面也没有作出相应的决议。对于这项法律的改革，应当由现代监管手段着手，就广告监督、民事赔偿、行政执法和刑事司法等多个方面进行改善。在这种情况下，该法案在修订的过程中，不同领域的工作者和专家都呼吁应提升法律的层次。此时，为了满足社会各界的呼声，该法的修订草案在 2006 年和 2007 年开始讨论。2008 年，震惊全国的"三鹿奶粉"事件曝光后，民众对于《食品卫生法》的修订呼声愈演愈烈。在两年的审议之后，新的《食品安全法》终于在 2009 年年初正式通过并开始实施，原本的《食品卫生法》则同时废止。

根据《食品安全法》规定，国务院于 2010 年 2 月 6 日印发《关于设立国务院食品安全委员会的通知》（国发〔2010〕6 号），成立了由国务院领导担任正副主任，由卫生、发展改革、工业和信息化、财政、农业、工商、质检、食品药品监管等 15 个部门负责同志作为成员组成的食品安全委员会，作为国务院食品安全工作的高层次议事协调机构，负责分析食品安全形势，研究部署、统筹指导食品安全工作，提出食品安全监管的重大政策措施，督促落实食品安全监管责任。

之后，根据中央编办于 2010 年 12 月 6 日印发《关于国务院食品安全委员会办公室机构设置的通知》（中央编办发〔2010〕202 号），国务院食品安全委员会设立了办公室，具体承担委员会的日常工作，从而取代卫生部成为更高层次的食品安全综合协调机构。食品安全办成立后，加大了食品安全工作督促力度，协调稳妥处置食品安全热点问题，积极商请中央政法委研究完善严打食品安全违法犯罪的政策措施，组织开展乳品质量安全和"地沟油"综合治理，组织制定《国家食品安全监管体系"十二五"规划》。

（四）食品安全制度变迁的内在逻辑

回顾 2011 年以前中国食品安全监管历程，我们发现其理念和实践变迁符合历史制度逻辑。改革开放初期，国民经济百废待兴，解决群众温饱问题是食品领域主要矛盾。加之当时食品卫生问题主要表现为生产力落后导致的"前市场"风险，调动行业管理部门和地方政府壮大食品产业的积极性成为理性选择。因此，不论是法律法规、监管体制抑或政策手段，都带有鲜明的混合过渡色彩，兼具计划体制和商品经济两类特征。之后，中国食品行业无序发展，市场秩序混乱，体制弊端逐渐暴露。在社会主义市场经济的宏观背景下，二次改革势在必行。国家试图通过全面外部监督管理打击地方保护和部门局部利益，将食品卫生管理带入法制化轨道，并提出食品安全新理念以符合全产业链条发展需求。此时，尽管经济发展依然是"最大的政治"，但食品安全和卫生问题显然已经受到政府更多关注。

市场经济体制逐步完善和中国加入世贸组织推动了食品产业快速发展，食品产业链条的延伸和新型风险的出现，要求制度设计有新变化。政府逐步意识到，保障消费者食品安全的公众利益比食品产业发展的商业利益更为重要。"综合协调、分段监管"模式的提出和地方政府属地责任体系的明确，正是其实现上述政策目标的有益尝试。面对频繁发生的重大食品安全事件，体制机构不断调整，现代化监管手段接连出现。监管理念和经验最终在2009年版的《食品安全法》中得以明确。而国务院食安委的成立，更是有助于从顶层制度设计高度保障食品安全政策目标的实现。表3-1归纳了1979—2011年中国食品安全（卫生）制度变迁的历程。

表3-1　　食品安全（卫生）制度变迁（1979—2011年）

阶段 变量	1979—1993年	1994—2002年	2003—2011年
产业基础	食品产业整体落后	食品市场秩序混乱	食品企业"多、小、散"
主要风险	"前市场"风险与主观恶意行为并存	基于利益驱动的人为问题	现代性风险
政策目标	解决温饱问题和促进产量增长	打破地方保护和政企合一，维护市场秩序	保障食品安全，促进产业健康发展
管理体制	行业管理与部门监督并存	外部独立监督为主	综合协调、分段监管
标志事件	《中华人民共和国食品卫生法（试行)》颁布施行	党的十四届三中全会首次提出，"改善和加强对市场的管理和监督"	国务院印发《关于进一步加强食品安全工作的决定》
政策工具	行政指令、教育劝说、法规标准、市场奖惩、司法裁判	传统行政干预手段基本退出历史舞台，新型监管工具兴起	现代化、市场化、信息化监管手段

资料来源：笔者整理。

归纳而言，产业基础决定了特定历史阶段食品领域主要矛盾及其风险类型，政府对食品安全议题的关切因此产生变化。不同政策目标通常在市场失序和突发公共事件中固化和放大，法律法规、监管体制、政策手段都会随之发生相应变化。也就是说，有什么样的产业基础和社会需求，就有什么样的食品安全监管法律、体制和政策手段。无论是外力推动的强制性制度变迁，还是内生自发的诱致性制度变迁，食品安全监管上层制度设计必须随着经济社会基础的变化而调整。中国食品安全制度变迁的自变量是政府所嵌入的食品产业和社会需求，中间变量是政策目标，因变量是选择什么样的制度设计。食品安全理念和实践的三个历史阶段，变化的是食品领域的具体形势，不变的是其内在制度逻辑。

五 迈向治理现代化：新时代中国食品安全（2012 年至今）

党的十八大以后，在国家治理现代化的新背景下，中国食品安全也进入新阶段。当前食品安全工作既有对过去经验的继承和发扬，也有新的理念和实践。因此，总结改革开放后食品安全制度变迁的内在逻辑，探讨从监管到治理的范式转变，有助于更加准确地把握"中国式"监管型国家的独特路径。

（一）食品安全状况多元影响因素

过去，人们对食品安全的认识停留在食品卫生、产品质量等技术层面。在《小康》杂志举办的"中国全面小康进程中最受关注的十大焦点问题"评比中，食品安全问题连续多年位列社会关注度第一。在经历了多次事件后，人们越来越认识到食品安全不能单靠政府监管，必须提升产业素质和引导社会共治，实现产业发展与质量安全相兼容。

我国国家主席习近平曾说，食品安全不仅是"产"出来的，同时还是"管"出来的。习主席的论述也意味着食品安全状况是在多方面因素影响下的，其中含有以下几个方面的工作：

首先，从"产"的角度而言，在食品安全领域，生产经营人员其实是处在第一责任人的位置上。目前，我国有超过 2 亿的农民在种植养殖业进行生产经营。由于他们一旦产生违法行为是不需要付出很大成本的，因此监管的难度也比较高。我国每年需要消耗农药约 32 万吨、化肥约 6000 万吨、农业塑料薄膜约 250 万吨。目前，食品安全领域出现的最大威胁就是粗放式的生产经营而导致的农药、化肥等化学污染。目前，食品企业已经成为我国经济的关键支撑。同发达国家的食品供应机制对比来看，我国在食品产业的基础还不稳固，并呈现出"多、小、散、低"等特征，并没有向集约化方向发展。同时，生产经营人员本身的诚信及守法观念都有所不足。由此可见，制约我国食品安全发展的最大障碍就是产业素质较低。

其次，在于"管"的方面，应当促使产业不断发展，与完善的监管体系相互支撑。举例来说，2013 年，美国食药管理局拥有近 1.5 万名员工，监管的企业只有 5 万余家；工作在英国食品标准署及地方卫生部门的负责安全检查工作的专员应经过四年的大学培训才能够正式参与工作，并就 50 余万家从事食品生产、经营的公司进行监督与管理。在我国，食药监管工作者在编制内的数量长年在 10 万人左右，但拥有正式执照的经营主体超过百万。从数量上的对比能够发现，监管工作者与监管对象之间的比例有些失调。

最后，要从"本"的角度来看，也就是环境会对食品安全所产生的影响。目前，我国有约 20% 的耕地都面临着重金属或有机污染超标的问题，有超过 60% 的地下水水质低于"较差"水平。由此可见，工业化水平提升带来的环境污染问题已经严重影响食品安全领域。但是，以当前我们国家推行的机构设置来看，上文提到的三种污染是由不同的部门负责的，这三个部门各司其职、以本部门职能为基础进行政策制定，相互之间缺乏协调性。

（二）从监管到治理的范式转变

站在学理的角度来看，监管其实是政府部门针对市场主体所产生的相关行为所开展的引导和限制等方面的关系。而治理所强调的则是政府、市场与社会等多个方面通过多种多样的方式与手段确保公共利益活动最大化的过程。借助综合关系网的构建实现绩效水平的提升。我国在这一领域的治理含有体系和能力两个组成部分。其中，治理体系着重强调的是制度的合理性；治理能力着重强调的是制度的有效性。

在当今社会，可以说每个主体都不能独立面对不断复杂化的安全问题。而这一问题是由于多种原因所形成的，这也意味着要使用综合性的方式来进行解决。不但要使用政府监管的手段，还应当促使企业、行业、媒体与消费者都参与到解决问题的过程中。由此可见，治理食品安全问题，最重要的就是改变过去由单一的部门进行"单打独斗"的问题，促使监管领域的部门、企业、媒体与消费者实现角色与权利、义务关系的对接。一旦这种关系得以固定，就进一步构成了食品安全治理的相关体系。同时，制度执行时，应当进一步展现食品安全的相关治理能力。

早在 2011 年，我国政府部门就将完善食品及药品监管机制的相关工作提升到了重点关注的层面，将以往由政府进行监督的局面进行改善。在党的十八大及后续召开的一系列会议中，都针对健全公共安全体系进行了相关说明，指出了推进食品体制改革的重要性以及在法治化层面所进一步体现出的要求。2013 年，时任国务院副总理汪洋也提出，应当进一步完善企业、政府、社会、公众以及法律体系等多个层面的共治格局。随后，监管部门指出应加强食品安全治理向现代化发展的重要观念，希望能够打破以往的监管模式。2014 年，开展食品安全周的主题就是要"遵守法律、崇尚道德，进一步推进食品安全治理能力不断提升"；2015 年，我国开展食品安全周的主题是"食品安全能够让生活更加美好"。同年，我国在食品及药品领域开展了监督管理会议，指出"要不断推进食品领域的法制化建设，进一步提升安全治理能力"。2016 年和 2017 年，我国召开的全国食品药品监督管理暨党风廉政建设工作会议同样强调了"构建高效、严密的食药监管治理体系，保障人民生命安全"的重要性。从 2014 年到 2018 年，中共中央组织召开的几项活动中，我们都能够感受到国家严抓食品药品安全的决心和毅力，体现政府为人民服务的重要宗旨。为了把食品安全监管活动纳入我国社会经济结构、政治职能变更以及社会治理不断创新和完善的整体布局中，应当在最短时间内构建一个全方位、多方面的统筹政策，并与经济、社会发展方针协调一致，共同致力于推进食品产业发展，确保质量提升等各方面的目标。习近平主席也在 2015 年的集体学习时明确要求，应建立起完善的公共安全网络和系统，进一步建设全面的食药监管与治理体系。同时，为了推进这一领域获得工作进步，还应当确保实施食品安全方面的"党政同责"式的做法。党的十八届五中全会首次将食品安全纳入共享发展的领域之中，这一举措可以说是一个前所未有的创举

（见表 3 - 2）。其中，强调了为进一步推进健康中国的建设，确保食品安全战略得到进一步实施，应加快构建严格、高效、优质和共治的食品安全格局，确保人民群众的安全。

表 3 - 2 "十一五"以来食品安全在国民经济和社会发展布局中的定位

文件	通过时间	政策定位	目标	从属领域
中共中央"十一五"规划建议	2005 年 10 月 11 日	保障人民群众生命财产安全	保障安全	推进社会主义和谐社会建设（9/10）
中共中央"十二五"规划建议	2005 年 10 月 18 日	加强和创新社会管理	降低风险	加强社会建设，建立健全基本公共服务体系（8/12）
中共中央"十三五"规划建议	2005 年 10 月 29 日	推进健康中国建设	增进福祉	坚持共享发展，着力增进居民福祉（7/8）

资料来源：笔者整理。

（三）完善统一权威的监管机构和新《食品安全法》出台

2009 年，以原有的《食品卫生法》为基础的《食品安全法》规定了应由县级以上的地方人民政府进行统一负责、领导、组织和协调辖区内在食品安全领域所应当承担的工作责任。但是，工商、质监以及在2008 年前的食药监管局作为食品安全领域的主力工作部门，在很长一段时间以来均实施了省级以下的垂直管理机制，难以同地方政府的职责相匹配。同时，因食品安全问题日益凸显，对于体制的改革工作已刻不容缓。

2013 年年初，第十二届全国人民代表大会通过了国务院机构改革的有关文件。本次改革的主要目的是将政府部门的职能进行整合，推进资源的下沉、促进监管力度的不断提升，在政府部门之中构建起统一、权威性的食品药品监督与管理机构。从这一时期开始，对于不同政府部门所具有的食品安全监管职责逐渐通过法律的方式得到确定，省级及以下的政府部门也开启了实际层面的改革。改革后，要进一步组建食药监管总局，并针对研发、生产、流通与消费等多个环节进行统一管理。在经过改革后，各个部门应充分认识到本部门职能的转变，进一步发挥市场作用，提升行业自律性，人民群众和广大媒体也应当对其进行监督，确保生产者承担食品安全领域第一责任的机制得以形成、完善与发展。同时，地方政府应当在区域或乡镇设立下属机构，划拨资金配置专门的设备，以弥补基层监管工作在执法领域中的空缺。

党的十八届三中全会强调，应当确保市场监管机制体系不断改革，确保统一、完善的市场监管机制形成。会议同时指出，要进一步完善统一的、具有权威性的食药监管机构。会议召开后，国务院颁布了一项文件，说明要进一步整合、优化市场的监督与执法资源，简化执法过程，推进协调机制不断完善以确保监管工作的效率得到提升。从2013年年末至今，部分地区的政府部门已经在多个领域进一步整合工商、质监、食药、物价、城管乃至知识产权等多个机构，实施"多合一"的执法领域改革，并建立了新的机构对其进行管理。此外，因街道、社区、乡镇等基层地区在食品安全领域存在较大的风险，为了积极响应国家要求，工商以及质监等领域的食药监管团队进一步划归到食药监管部门之中，并面向乡镇、社区等地委派专门的工作人员，配备专门的设备，以充分补充基层执法领域的不足。

改革开放后，我国社会获得了很大的发展机遇，经济水平不断提升，民众生活质量也在不断改善。但值得关注的是，同一时期，带有现代性特点的食品安全风险问题层出不穷。举例来说，上海的"福喜过期肉"以及饿了么平台中的"黑作坊"事件都暴露出了新型的食品安全风险，为有关部门的监管工作带来了新的挑战。在这种情况下，为彻底解决上述问题，并进一步适应新的监管体系，全国人大常委会于2015年修订通过了《食品安全法》。该法律在修订后，规定了食品安全要以预防为主，充分构建起科学、严格、完善的监管体系。该法律经过修订后，重点和创新点在于制定了很多新的监管方式，并针对来自社会与市场的治理方式进行了细化，进一步丰富了来自社会的监督方式。同时，法律的修订也为职业监管队伍建设、监管资源的合理布局与权力的科学分配奠定了良好基础。

（四）新时代的工作成就和挑战

自2013年我国各监管机构进行改革后，在食药监管领域的相关职能就实现了不断优化，监管的具体水平与相关的保障能力不断提升，程度可以说是十分可观的。在评估某国或地区的食药安全水平时，可以使用多个指标，其中合格率的抽检是最常见的指标。2016 年，相关机构进行了合格率的抽检，结果为 96.8%；2017 年，这一比例达到 97.6%，较前几年相比，进步程度十分可观。

早在"十二五"期间，我国查处了关于食品方面的安全违法案件就已经达到了近百万起，在食品安全领域侦破了刑事案件超过 8 万起，由此可见我国"四个最严"的作用程度。而我国的进步在国际社会上也是有目共睹的。英国的《经济学人》杂志每年都会根据食品安全领域进行相关报告，这几年，我国在该领域的得分均位于全球前 50 名之内。这一指数的测算是综合分析了国家的食品承受力、供应是否充足以及质量与安全指标后得出的。2017 年，这一指标的测算方式又加入了一个新的指标，即"自然资源复原力"。从我国的综合排名不断进步的结果能够发现，我国在食品安全领域作出的努力已经初见成效。

同时，也有一些数据能够证明我国在食品安全领域所取得的成就。2012 年，我国在"三品一械"食药监管领域的从业者为 10 万人，到 2017 年，人数已经增长到 18 万人。目前，我国在财政收入领域其实是在减速增长的，但仍然在食品安全领域投资近 185 亿元人民币。同时，针对食品领域的检测范围也变得更加广泛，在"十二五"接近尾声时，食源性疾病的监测医院数量就已经达到近 4000 家。

食品产业在国家的重视、民众的关切以及监管水平不断增强的情况下不断进步。国家统计局发布的数据表明，2016 年，我国大规模食品工业企业的在主营业务方面的收入已经达到 12 万亿元，在所有工业种类中所占的比例超过 1/10。由此可见，食品工业目前不但在工业领域中独占鳌头，对于促进国民经济的发展也具有重要作用。

尽管我国在食品安全监管领域的工作已经取得了一些成就，但同时还存在一些问题。我国进行体制改革的总体目标是建立起统一、权威和专业的食药监管机制，但究竟什么样的机制才算"统一"呢？有人相信，这里所说的"统一"意味着机构设置在横向与纵向方面的一致性。其中，横向的一致性意味着不同地区的政府在层级机构设置方面存在一致性；纵向一致性意味着一级政府应当按照上一级政府的机构设置方式进行设置。事实上，对于"统一"的理解应当是多角度的，不应当仅限于字面的含义之中。在进行机构设置的过程中，全国各地的设置方式无法全部保持一致性，也没有完全统一的必要性，只需要确保监管资源能够合理调动、工作人员的工作状态能够维持在良好的水平上即可。举例来说，在北京地区，进行食药监管的总任务就是要确保大型活动的开展，进一步保障当地的食药安全。北京地区由于政治方面存在的特殊性，需要政令的传达具有高度的通畅性，这意味着垂直管理的模式对于北京市而言是更加合适的。而在一些地广人稀的省份，应当通过整合多个监管部门共同执法的方式来实施食药监管。但无论在什么地区，在开展食药监管工作时所要关注的重点都在于政策目标及机构的统一性、工作人员的专业程度以及执法者应当具有一定的权威。

从上文的标准对照来看，目前我国推行的监管机制还不完善，具体表现在以下几个方面：

首先，食品药品监管的有关机构在进入乡镇地区后，制定的政策目标与上级部门不一致，甚至有所冲突。我国的食品药品监管部门之前在乡镇地区并没有设置相应的机构，而在一个地区设立新的政府机构，势必会涉及办公场所、经费以及整治协调等多方面的问题。同时，一旦新设立的机构完全融入基层政府中，还会承担一些不属于本部门的专职工作，监管精力有所分散。

其次，在具有科学性与权威性的监督管理工作的划分体系方面还不完善。目前，我国现行的法律体系仅针对事权的划分进行原则上的规定，但如果一个部门足够理性，就会因问责的压力而实现事权的下放，权力就会由地方最高的省级到最低的乡镇级政府。然而，乡镇级别的政府机构并不具备妥善处理大量专业监管工作的能力。在垂直管理体系之中，这种问题就不会出现，因为该体系采取了不同的属地管理方式。在这一领域，虽然部分省份也提出了措施和意见，但都统一地缺乏规划，不利于实践和执行。

总体来说，对于不同的主体而言，如果在政策目标领域存在冲突，就并不利于监管统一性的发挥，也就是在根本上影响了结构设置以及行为选择方面的工作。为了降低这种情况下存在的负面效应，有关部门应当通过线性的思维进行思考，把监管事权进一步下放给基层部门。但是，此时基层部门为了"达到"业绩，很有可能作出一些"面子工程"，最终并不利于相关工作的开展。

（五）2018 年机构改革

第十三届全国人民代表大会审议通过了有关国务院在机构改革与职能转变方面的方案，其中强调了国家工商行政管理局、国家质量监督检验检疫总局以及国家食品药品监督管理总局所应当承担的职责。同时，国家发改委应当在价格领域进行监督检察，并负责反垄断的相关工作；商务部应当配合开展反垄断工作，并进一步构建国家市场监督管理总局。这一新部门是国务院直接管辖的下属机构，承担着综合监管市场、登记主体、进行信息公示与共享、确保综合执法工作顺利开展、帮助维护市场秩序、承担工业产品和食品的质量安全、计量标准的管理与确定和相关商品的认证与认可工作等全方位、多领域的职责。

药品监管工作是具有其特殊意义的。因此，要单独进行国家食药监管局的组建，并将其置于国家市场监督管理总局的监管之下。同时，针对市场监管活动，应当采取分级管理的方式。对于药品的监管，只设到省级即可；在药品经销方面，可以由市级、县级的相关机构承担监管责任。

把国家质检总局所具有的检疫出入境食品的相关机构归入海关总署的管理下，并保留国务院在食品安全领域和反垄断领域委员会的机构设置，但其具体工作交由市场监管总局负责。此外，获得国家认可的监管委员会及国家标准化管委会的相关工作职责也进一步划归到市场监管总局的管辖范围内。最后，撤销"国家工商行政管理总局""国家质量监督检验检疫总局"以及"国家食品药品监督管理总局"这三个机构。

在上文提到的关于食药监管领域的机构改革能够体现出我国在顶层设计方面的不断完善，并且已经走向"超脱部门、超越监管"的水平中，这也体现了新时代我国政府进行改革的勇气。然而，目前市场中存在的"大市场—专药品"的形式还是制约着安全治理领域在"协调性、综合性"与"特殊性、专业性"方面的关键点。大致而言，这也是当前各市级和县级政府在市场监管的同时，希望通过"小折腾"获得更大利益的一种方式。但是，这种模式所要应对的最大程度的挑战就是维护监管工作的专业性，而这也是研究人员所应当思考的重要内容。

在改革过程中，应当注重由纵向和横向两个方面进行监管体系的调整。首先，要针对机构设置及其所负责的领域进行科学划分。确保综合执法工作不断强化的同时，还要安排专门的人员进行专业工作的开展，这也是为什么要专门建立国家药品监管局的原因。其次，要将中央和地方所具有的职权进行合理划分，避免出现"权责同构"的弊端。在这一观念的指引下，很多药品的监管机构都设置到省级即可，并在一定程度上带有垂直管理的意义在内。同时，我们应当关注，市场与工商还是有一定区别的，而药品监管也与2013年前的相关工作有所不同。在改革的过程中，民众的观念不应当局限在简单的拆分、重组、兼并的领域，而应当以国家治理为依据，进行机构的改革与进一步创新。

在推进后续的政策实行时，应当注意以下几点：首先，事务与权力应当得到合理分配。因食品与药品在产业基础和风险类型方面具有一定的差异性，因此，药品在上市之前要更多地集中管理权限，下放经营权。其次，在不同地区进行改革应当按照当地的实际情况设置基本的方式。比如在一些食品和药品产业较为发达的地区，可以设立专门的食药监管局。最后，应当确保监管工作者始终保持高度的工作热情。在工作过程中，地方机构对于基层工作者的诉求应当进行考虑，而这也是多年来改革的经验之谈。

六 "中国式"监管型国家的独特路径

（一）两大理论归因

首先，表现为"多期叠加"的时期。因食品安全本身要划归到公共安全的范畴之中，而公共安全是含有特定的规律性的。其他国家的实践证明，国家的公共安全情况是会随着经济社会的发展而不断发展的，总体来说，会呈现出倒"U"形的曲线变化。同时，在不同的阶段也会出现不同的问题。在食品安全领域，其形态会随恩格尔系数的变化，表现出"先恶化，后好转"的态势。当恩格尔系数达到30%时，是最容易多发食品安全问题的。同时，这一系数在贫困地区和低收入及特定职业的人群中比较高。虽然，我国目前的食品安全形势还比较稳定，但仍然存在一些挑战，像"前市场"风险、利益驱动行为以及化学污染等问题，都是典型的代表。经济社会本身存在的"多期叠加"的特点也意味着各种类型的食品安全问题会同时存在。

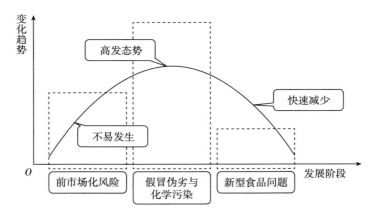

图 3 – 1　经济社会发展阶段与食品安全状况

注：图中实曲线代表不同发展阶段食品安全问题总量变化趋势，虚线方框代表对应的主要食品安全问题类型。

资料来源：笔者整理。

其次，表现为"反向演进"的制度发展途径。从 20 世纪 90 年代至今，监管型国家的理念为欧美国家的政治科学领域所重视，通常都被用于概括在福利型和自由市场型时期后，国家、社会与市场之间的联系。同时，上述国家也是在发展了近百年的市场经济及市民社会后，才进一步构建围绕事先预防及相应的过程控制的现代食品安全监督与管理机制。它的手段是十分丰富的，同时，每种手段之间也能形成补充。但我国的发展道路就与之不同。在市场经济与社会本身还没有得到完全发展的情况下，我国就已经开始进行监管体系的改革。因此，在这种情况下，政府部门不但要助推市场的发展，还要对其主体予以监控。

（二）协同市场、政府和社会：宏观政策建议

食品安全的第一步在于生产。在此过程中，市场要发挥出其具有的决定性作用。因此，为了将监管同产业间的关联进行正确处理，就应当尊重公司的自主权。从事实上来说，监管是无法替代市场的，只是作为市场的补充。最适宜的食品安全治理体系其实应当是让不同领域的激励与约束机制均能够对生产经营的相关行为起到作用，帮助食品安全水平在优胜劣汰的市场机制作用下得到提升。注重市场机制其实也不意味着监管就是无意义的，这样做的最终目的是摆脱以往的"委托—代理"

模式中存在的弊端，确保监管能够回到最基本的状态上，借助产业基础的强化推动食品安全的发展。

为了确保食品安全，监管是必不可少的，而政府就扮演着食品市场中的"警察"的角色。在开展食品安全监管活动的过程中，政府部门应当将各级政府的事权进行合理划分，避免"层层推诿"现象的出现。作为中央级别的政府，应当确保基础性的制度，如法律、标准及企业生产规范等方面的体制不断完善；作为市级、县级的政府应当不断落实责任，发现问题并进一步解决，以确保相关责任能够有统一的检验和管理标准；作为乡镇级别的基层政府，应当把食品安全置于社会综合管理的治理网络之中，可以聘请专门的工作人员开展巡查工作，确保食品安全能够在一线得到保障。

为了确保食品安全，治理更是不可缺少的，社会应当承担起"共治"的责任。食品安全牵涉的范围很广，因此必须坚持群众观点和路线，从民众的角度出发考虑相关问题。只有这样，才能激发社会全员的动力来确保食品安全得到保障。为了达到这一目标可以采取以下几种方式：首先，将集约社会治理的相关方式，构建起企业自律、社会协同、民众参与、法制保障的共治模式；其次，加强针对人民群众的科普教育，推动生产经营领域的社会信用体系的建成，以确保社会能够将力量投入第三方检查的工作之中。

第二节　中国食品质量安全监管体系

一　食品法律法规体系

（一）我国食品法律法规体系

食品法律法规是指由国家制定或认可，以加强食品监督管理，保证食品卫生，防止食品污染和有害因素对人体的危害，保障人民身体健康，增强人民体质为目的，通过国家强制力保证实施的法律规范的总和。如《食品安全法》《标准化法》《产品质量法》和各类食品生产加工技术规范等。食品安全法律法规是食品生产经营者从事食品生产经营活动必须遵守的行为准则，也是行政执法部门实施食品安全监督管理的法律依据，建立健全食品安全法律法规体系是实现食品安全法制化管理的前提和基础。

食品法律法规体系是指以法律或政令形式颁布的，对全社会有约束力的权威性规定。它既包括法律规范，也包括以技术规范为基础所形成的各种法规。

按食品安全法律、法规和规范效力层级的高低，食品安全法律法规体系可由食品安全法律、法规、行政规章和其他规范性文件组成。

1. 食品法律

食品法律由全国人民代表大会和全国人民代表大会常务委员会依据特定的立法程序指定的有关食品的规范性法律文件。

在中国的食品法律系统中，具有最高法律效力的是自 2009 年 6 月 1 日开始产生效力的《食品安全法》。我国各级政府部门在制定带有从属性质的法规、规章和文件时，都要以其为依据。目前，我国已经颁布和实施的，同食品安全息息相关的法律有《产品质量法》《标准化法》《商标法》《进出口商品检验法》《广告法》《消费者权益保护法》等多部法律。

2. 食品行政法规

行政法规分国务院制定行政法规和地方性行政法规两类，其法律效力仅次于法律。

我国食品行业相关的行政法规意味着国务院各部门充分按照法律所进一步制定出的规范性文件。其中，行政法规的名称基本都是"条例""规定"及"办法"中的一项。所谓"条例"，就是针对某个层面开展的行政法规进行全面、系统的规定；所谓"规定"，就是针对某层面的行政工作制定的部分性的规定；所谓"办法"，就是针对一种行政工作制定出的相应具体的规定。

地方性食品行政法规是指省、自治区、直辖市人民代表大会及其常务委员会依法制定的规范性文件，这种法规只在本辖区内有效，且不得与宪法、法律和行政法规等相抵触，并报全国人民代表大会常务委员会备案，才可生效。如《河北省食品安全监督管理规定》。

3. 食品部门规章

食品部门规章包括国务院各行政部门制定的部门规章和地方人民政

府制定的规章。如《食品添加剂卫生管理办法》《新资源食品卫生管理办法》《有机食品认证管理办法》《转基因食品卫生管理办法》等。

4. 其他规范性文件

规范性文件不属于法律、行政法规和部门规章,也不属于标准等技术规范,这类规范性文件如国务院或个别行政部门所发布的各种通知、地方政府相关行政部门制定的食品卫生许可证发放管理办法以及食品生产者采购食品及其原料的索证管理办法。这类规范性文件也是不可缺少的,同样是食品法律体系的重要组成部分。如《国务院关于进一步加强食品安全工作的决定》《食品生产企业危害分析与关键控制点(HAC-CP)管理体系认证管理规定》等。

5. 食品标准

标准是生产和生活中重复性发生的一些事件的技术规范。食品标准是指食品工业领域各类标准的总和,包括食品产品标准、食品卫生标准、食品分析方法标准、食品管理标准、食品添加剂标准、食品术语标准等。

6. 国际条约

国际条约是指我国与外国缔结的或者我国加入并生效的国际法规范性文件。它可由国务院按职权范围同外国缔结相应的条约和协定。这种与食品有关的国际条约虽然不属于我国国内法的范畴,但其一旦生效,除我国声明保留的条款外,也与我国国内法一样对我国国家机关和公民具有约束力。

(二)《中华人民共和国食品安全法》

2009 年 2 月末,我国第十一届全国人大第七次会议正式通过了《中华人民共和国食品安全法》,6 月起开始生效。同时废止《食品卫生法》。《食品安全法实施条例》于同年 7 月颁布实施。

1. 《食品安全法》立法的意义

"民以食为天,食以安为先。"从食品卫生法到食品安全法,由卫生到安全,表明了从观念到监管模式的提升。食品卫生,主要是关注食品外部环境、食物表面现象;而食品安全涉及无毒无害,侧重于食品的内在品质,触及人体健康和生命安全的层次。

《食品安全法》的进一步制定和实施,能够有效帮助防控、减少乃至消除食品污染，并尽量控制食品中有害物质对人体所产生的危害，确保食源性疾病得到预防与控制。同时，该法还能够起到预防食品安全事故、确保民众生命安全、提升食品安全监管的规范性及科学性，促使中国食品安全水平不断提升，保障民众的利益不受侵害等多方面的作用。该法着重强调食品的内在品质，对于关乎群众身体健康与生命安全方面的内容是非常重要的。

（1）保障食品安全，保证公众身体健康和生命安全。

在《食品安全法》具体实行的过程中，目前已经形成了围绕食品安全基础的具有科学性的管理体系，能够促使整体的安全监管体系更加完善，将各部门的具体职责进行明确，并保障食品的生产经营人员为第一安全责任人的相关义务。这样一来，我国在食品安全领域中面临的多种问题均能够得到解决，而食物中含有的有害成分对人体健康的损害也能够降到最低。此时，食品安全得到真正保障，民众的权益也得到了维护。

（2）促进我国食品工业和食品贸易发展。

借助食品安全法的推行，能够进一步管控相关行为，进一步督促食品生产商严格依照法律法规的相关内容以及食品安全领域的有关标准开展经营活动。同时，在经营过程中要着重为民众提供优质、自律的服务，承担起作为生产、经营人员的责任。这样一来，食品产业的规模就能够不断扩张，市场也能够得到进一步发展。此外，《食品安全法》的制定能够帮助我国在国际上树立起良好的形象，从而进一步助推食品领域对外贸易的发展与进步。

（3）加强社会领域立法，完善我国食品安全法律制度。

实施食品安全法在法律框架内解决食品安全问题，着眼于以人为本、关注民生，保障权利、切实解决人民群众最关心最直接最现实的利益问题，促进社会的和谐稳定，是贯彻科学发展观的要求，维护广大人民群众根本利益的需要。此外，应当以原有的法律体系为基础，进一步制定出内容全面的食品安全法，将其同农产品质量安全法、动物检疫法、产品质量法、兽药和农药的管理条例等相关法律进行配套，能够促使中国的食品安全法律体系得到进一步完善，这有利于推动中国社会主义市场经济体制的不断发展与完善。

2.《食品安全法》的内容体系

（1）食品安全监管体制。

第一，针对食品安全的相关体系进行了规定：由国务院的卫生行政部门开展食品方面的综合协调工作，在食品安全领域进行风险评估、制定标准与相关信息的公布，并针对食品领域制定一些标准的检验规范，找出食品安全领域存在的事故问题。同时，国务院还要承担质量监督、工商行政管理以及食药监管部门对于食品安全领域的监管活动。国务院农业行政部门负责对食用农产品进行监督管理。食品安全法规定，国务院设立食品安全委员会并规定其工作职责，在中央层面协调指导食品安全监管工作，加强对各有关行政部门的协调管理，保证食品安全法运行更加通畅。

第二，地方政府对当地食品安全负总责，并要求地方各行政部门应加强相互沟通和信息通报：应当由高于县级的人民政府负责相关活动，并针对辖区内的食品安全监管工作进行领导、组织与协调，并进一步创建食品安全领域的监督与管控体系；此外，还应当对整个食品安全管理的机制体系进行进一步的完善和落实。作为县级以上的地方性政府，在制定辖区内的规章条例时，应当以法律为基础，依照国务院的相关规定对本级别内的食品安全工作承担相关职责。同时，相关的政府部门也应当在职权范围内开展食品安全的监管工作，并进一步配合下级行政区的工作，严格按照法律的规定开展食品安全的监管活动。

（2）确立了食品安全风险监测和评估制度。

首先，这部法律进一步确定了食品安全领域的风险监测活动，其中含有常规和非常规的监测。其中，常规性风险监测就是国务院的卫生行政部门联合其他部门共同制定国家层面的风险监测，而各省、自治区和直辖市级别的人民政府按照国务院各部门制定的有关情况，对辖区内的食品安全风险监测工作进行管控；后者，也就是非常规性风险监测，是由国务院的农业行政、质量监督、工商行政管理及食品药品监管等相关部门在得知食品安全风险的相关信息后，应在第一时间内上报给国务院的卫生行政部门。后者应在第一时间内对收到的汇报信息进行核实与查证，并尽快制订出相应的应对计划。

其次，这部法律确定了在食品安全领域的风险评估模式。《食品安全法》中规定，国务院的卫生行政部门应当组织食品安全的风险评估工作，并组建医学、农业、食品、营养等各方面的专家构成的风险专员团队，从而开展风险评估工作。具体的工作结果应当作为修订食品安全相关标准的依据而存在。从风险评估的角度来看，不安全的食品及其原料，应当由相关部门在本部门职权范围内进行评估后，于第一时间采取措施，强制使其停止经营，并立即向社会通报。此外，需要确定相关标准的，应当由国务院卫生行政部门尽快进行制定与完善。

我国已经从立法角度确定了食品安全风险监测和评估制度，不仅实现了食品安全立法的科学性，还从法理上实现了同国际先进实践经验接轨的目标。

（3）明确统一制定食品安全国家标准的原则。

这部法律中针对食品安全国家的相关标准，应当由国务院的卫生行政部门进行制定与公布相应信息。同时，国务院有关部门不但应当制定食品领域的安全标准，还需要在其他领域制定强制性的标准。此外，面对已有的各项标准，国务院应当对其予以整合和标准的配合，并统一地将其发布为国家级食品领域的安全标准。

（4）强调生产经营者保证食品安全的社会责任和义务。

《食品安全法》规定了包括政府、企业、行业组织、公众、媒体、广告代言人等利益相关方在食品安全方面的责任和义务，明确了食品生产经营者作为食品安全第一责任人。

第一，生产经营实行许可制度。食品生产企业应得到所在地的县级质量监督部门申请食品生产许可，食品流通应当到所在地的县级工商行政管理部门申请食品流通许可，餐饮服务企业则应当到所在地的县级食品药品监督管理部门申请餐饮服务许可。

第二，企业食品安全领域的管理制度。在《食品安全法》中，明确说明了在食品领域中开展生产和经营活动的相关企业应当对本部门的食品安全管理制度进行进一步健全与完善，提升针对工作人员的安全知识领域的培训。此外，还应当增强人员的培训力度，对其进行合法合规教育，促使其在法律规定的标准下开展经营活动。

第三，针对生产经营的从业人员实施的健康管理制度。对于身患消化道传染病、渗出性皮肤病和呼吸系统传染疾病的人，是不能从事直接接触食品的相关工作的。同时，该领域的从业者要定期参与健康体检，并获得健康证之后才能正式投入工作。

第四，农业投入品安全使用的管理制度。在食用农产品领域，生产者要充分按照国家规定的相关标准进行农药、肥料、生长剂、饲料及其添加剂等农业投入品的使用。同时，该领域的企业及企业同农民一起建立的专业性合作组织应当实施食用农产品的生产记录制度。对于县级以上的农业行政部门而言，也应当针对农民进行农业投入品的使用教育。

第五，索票索证的管理制度。之所以开展这一制度，也是为了构建起食品安全责任的溯源体系，借助食品及其相关产品的进货和出货记录，能够起到追查责任人的作用，以保障在食品安全方面的监管工作。同时，《食品安全法》中针对该领域的制度含有下列几个方面：食品原料、添加剂、产品的进货查验记录、出场检验和进货查验的记录制度等。

第六，食品召回制度。《食品安全法》明确规定了不安全食品召回制度，包括企业主动召回和政府责令召回。食品企业在得知其产品可能危害消费者健康安全时，依法向政府部门报告，及时通知消费者，并从市场和消费者手中收回不安全食品的补救措施。

（5）加强对食品添加剂的监管。

2009年我国新修订的《食品安全法》强调，加强食品添加剂的生产许可证制度。明确说明了食品添加剂应当在技术领域经过风险评估，并确立其安全性后才能真正使用到食品生产的过程中。同时，生产者应当按照法律中对于食品添加剂的种类、使用方式和用量的规定进行食品添加剂的使用。在生产时，只有在名录以内的添加剂才能真正使用。如果生产者想要使用新的种类或是进口的添加剂，首先就应当向卫生行政部门进行安全性的评估审批。如果没经过该部门的许可就使用新品种的食品添加剂，就是违法的行为。对于组织和个人而言，自行生产或进口的新品种的添加剂也是违法行为。最后，针对食品添加剂而言，还要构建记录和溯源的制度，确保食品添加剂的使用能够更加规范。

（6）加强对保健食品的监管。

新修订的《食品安全法》中有这样的规定：对于以"特定保健功能"为特点的食品，国家要对其进行严格的管控。政府的监管部门应当遵守法律的规定,积极履行自身的职责,相关的具体实施办法应当按照国务院的相关规定实施。同时,此类食品不应对人体产生任何危害,成分及其含量进行明确标明。此外,产品的真实功能和具体成分要同标签和说明书中标注的内容保持一致。

（7）加强对食品广告的监管。

新修订的《食品安全法》中有这样的规定:无论是作为社会团体还是个人,都不能使用虚假广告的方式面向消费者进行食品推荐。一旦使消费者的合法权益受损,就要同生产者一起承担连带责任。对于食品广告而言,其内容应当确保真实、合法,不涉及疾病的预防与治疗功能。此外,食品监管机构、检验机构和相关的协会组织也不允许向消费者推荐食品。

（8）明确食品安全事故的处置。

这部法律中对于食品安全事故的处理模式进行了规定,其中有这样的内容:承担此责任的政府部门在工作中一旦发现安全事故或接到举报,就应当在第一时间内通报给卫生行政部门,协同国务院的卫生行政部门开展调查处理工作,最大限度地降低社会危害。

（9）开展食品检验工作。

这部法律中规定了食品必须要经过检验,负责检验工作的机构应当是高于县级的质监、工商行政管理和食药监管部门共同针对食品进行抽检。如果没有特殊规定,相关机构就必须经过资质认定并取得相应的资格后才能进行食品检验。在检验时,要进行机构和检验人共同负责的模式。

（10）国家建立食品安全统一公布制度。

当国务院的卫生行政部门进行信息公布时,应当含有以下四个方面的内容:第一,国家食品安全的整体情况;第二,要包含食品安全的风险评估及风险警示内容;第三,向社会通报重大食品安全事故和相应的处理信息;第四,其他有关食品安全的重要信息和应面向公众进行统一公布的信息。

尚未提到的应由卫生行政部门统一公布的四项信息中,前两项的影响范围相对较小,可以通过省级、自治区和直辖市人民政府的卫生行政部门公布。对于县级以上的不同政府部门而言,应当按照职权的不同来公布日常的监督信息。

（11）明确了食品安全违法行为的法律责任。

法律中针对食品的生产与经营人员、检验机构、监管部门、行业协会以及各地方政府的负责人进行了规定，并明确说明如果此类负责人违反民事、行政或刑事法律所要承担的责任，并且也针对民事中优先赔偿的有关规定与索赔制度进行了说明。

3.《食品安全法》的修订

（1）修订的必要性。

该法律明确说明了有助于进一步规范食品生产经营和确保食品安全等多方面的作用。法律制定和实施后，在社会上起到了良好的作用。但必须承认的是，当前市场上仍然存在一些食品企业违法生产经营的乱象，食品安全领域的不法事件仍然时有发生，而现行的监管体制、方法与具体制度是无法确保需求得到满足的。自党的十八大之后，中国的食品安全监管模式就得到了进一步的改革和完善，行业内的制度也进一步完善，食品安全社会共治格局不断发展。同时，还应当在法律层面对监管机制的相关成果进行固定和完善，确保目前食品安全领域存在的问题能够得以解决，推动食品安全上升到法律层面。

2013年，国家食药监管总局面向国务院提出希望修改《食品安全法》的意见。随后，国务院法制办立即面向有关部门、地方政府行业协会、社会公众开始征集意见，共计收到近六千条有效意见。同时，法制办还召集企业、业内的协会组织与专家共同开展论证会，希望将各部门的意见得以协调。此外，法制办还协同食药监管总局、质检局、农业部、工业部等多个政府部门针对食药监管总局报送给国务院的《送审稿》进行了意见方面的反复讨论。目前，在国务院第47次常务会议后，该修订草案已经获得了通过。

2015年，新修订的《食品安全法》获得了全国人大常委会的通过，并于当年10月开始正式实施。

（2）修订的总体思路。

在安全法修订时，相关的思路是以党的十八届三中全会中提出的要"构建严密的食品安全监管制度"的要求为基础的。在进行修订时，主要围绕以下几方面进行：首先，更加注重预防与风险管理。针对风险领域的检测、评估工作更加重视，并着力构建食品的安全标准，新增加了生产经营者自查、责任约谈等各方面的重点制度，希望能够实现未雨绸缪。其次，构建严密的全程控制制度，针对食品在生产、销售和餐饮服务等多个环节都予以把控。同时，尤其关注生产时会用到的添加剂和各类相关产品，并带有一定针对性地对有关制度进行强化与补充，希望能够不断提升标准，实现全程控制。再次，在法律层面构建严密的责任制度。综合性地使用民事、行政和刑事等各类手段，一旦发现违法者，要对其进行严厉的惩罚。发现地方政府或监管部门不履行自己的责任，就要对其进行最严格的追责。最后，确立食品安全社会共治的制度，进一步激发消费者、行业协会和媒体等的监督作用，通过引领各方面有序地参与到食品治理的过程中，进一步确保食品安全的社会共治格局得以建立。

（3）修订的主要内容。

第一，强化预防为主、风险管理的法律制度。一是确保基础性的制度得以完善。进一步增设风险监测方面的计划调整、行为规范与结果通报等各方面的规定，进一步确立进行风险评估的具体情形，确保信息交流制度不断完善。同时，还要加速风险的整合与跟踪评价标准等各方面的具体要求。二是新增生产经营人员的自查体系。作为食品的生产经营者，应当定期针对食品安全开展自查活动。一旦发现有发生安全事故的可能，就要马上停止生产，并立即上报给监管部门。三是新增责任方面的约谈制度。一旦食品的生产者和经营者发现安全隐患，却没有在第一时间采取相关措施，监管部门应面向负责人开展责任约谈的相关活动；若监管部门也没发现系统性风险的存在，并及时消除隐患，政府应当对负责人开展责任约谈。四是新增风险管理领域的分级管控模式。按照有关规定，监管部门应当以食品的安全风险监测及相应的评估结果为监管的重点工作，并以此为依据确立监管工作的重点、方法和频率，确立风险分级管理的具体做法。同时，构建食品安全违法行为的相应信息库，并面向社会公布，在第一时间进行更新。

第二，设立最严格的全过程监管法律制度。一是在食品生产的过程中，要针对投料、半成品和成品检验等多种关键事项的控制要求进行设置，对于婴幼儿配方食品的备案与出厂环节，要进行逐批的检验。在生产婴幼儿配方奶粉时，不能委托、贴牌或分装。二是在食品流通的过程中，要针对批发企业进行销售记录，在网络食品交易的过程中，针对相关主体进行安全规范管理。三是进一步建立和完善食品领域的追溯制度，确保生产经营者在索证索票和进货查验等各个领域的记录得以完善。对于食品和食用农产品而言，应进行全程的追溯与协作机制。四是对于保健食品而言，其产品应当进行注册与备案，相关的广告必须经过审批再播出。对于保健食品的原料使用和功能声明要进行严格管控。食品添加剂在经营规范和产品管理方面的工作也要给予高度关注。同时，对于进出口食品而言，其管理制度应当得以明确，最重要的是在进口领域一定要进行严格把关。此外，食品安全监管领域的体制机制也应当不断健全与完善。可以把目前推行的分段管理体系进一步修改为在食药监管部门的监管下，进行统一的生产、流通与餐饮服务等各方面监管的模式。

第三，建立最严格的法律责任制度。一是在民事赔偿责任领域要予以突出重视。可以推行首负责任的方式，也就是一旦收到消费者希望赔偿的反馈，就应当予以赔付，不能用任何手段进行推诿。此外，消费者所遇到的情况一旦满足法律规定，还可以申请 10 倍价款或是 3 倍损失的惩罚赔偿金。二是进一步提升行政处罚管控模式。一旦发现在食品中恶意加入有毒、有害物质的违法行为，有关部门可以直接吊销其许可证，并责令其赔偿货品价值 30 倍的罚款。对于知情不报，仍进行生产或经销的相关责任人，最高可赔偿 20 万元人民币。对于已经因食品安全方面的违法行为受到刑事处罚，或帮助违法商家开具虚假的检验报告的工作人员，依法终身取缔食品检验工作资格。三是进一步完善针对出现失职情况的地方政府负责人、食品监管责任人的处罚措施。具体来说，要按照其职权的不同，进行法律责任的认定和处分方式的细化。增加地方政府的主要负责人"引咎辞职"的规定。在监管领域，设置不可触碰的"高压线"，一旦出现瞒报、谎报重大安全事故的人员，直接开除。四是要确保工作能够与刑事责任衔接。对于生产经营者、监管者、检验者等各方面的主体而言，一旦出现犯罪行为，就要按照法律的规定追究其刑事责任。

第四，实行社会共治。一是确立"食品安全有奖举报"的制度。

举报情况一经查实，举报人能够获得相应的奖励。二是在食品安全信息的发布工作上要予以充分重视。作为监管部门，应当及时、准确、公正地公布相应信息，并激发媒体舆论监督的作用。对于食品安全的宣传报道，应当保障其具备客观、真实、公正的评判标准。作为单位或个人都不应当编造和散播不实消息。三是在食品安全责任保障领域，实施新的规定。具体来说，国家对于相关制度的建立是十分鼓励和支持的。此外，国家食药监管总局得到了相关部门的授权，能够与保监会共同制定相应的措施。

（三）《乳品质量安全监督管理条例》

《乳品质量安全监督管理条例》（以下简称《条例》）于 2008 年 10 月 9 日起实施。

1. 法治意义

2008 年 9 月，国家质检总局发布公告：停止实行食品类生产企业国家免检。当年 10 月，《乳品质量安全监督管理条例》出台，着眼于规范乳品监督管理的基本秩序，对奶畜养殖、生鲜乳收购到乳制品生产、销售等各环节的管理原则、内容、制度、程序、监督检查、法律责任等方面作了全面规定，明确了监管的基本要求和工作重点。《乳品质量安全监督管理条例》（以下简称《条例》）的发布实施，标志着乳品质量安全监管工作被全面纳入法制化轨道，对于完善乳品行业质量安全保障措施，提高各级政府和部门运用法律手段发展和管理乳品行业的能力，保障公众身体健康和生命安全，构建社会主义和谐社会，具有重要意义。

2. 内容摘要

优质的奶源是提高乳制品质量的重要保障，科学、规范的奶畜养殖，有利于从源头上提高乳品质量安全水平。因此，为了确保乳制品质量安全，《条例》对奶畜养殖环节及健全乳制品生产作了以下六个方面的规定：

一是建立奶业发展支持保护体系。《条例》规定，国务院畜牧兽医主管部门会同国务院发展改革、工业和信息化、商务等部门制定全国奶业发展规划，县级以上地方人民政府应当合理确定奶畜养殖规模，科学安排生鲜乳生产收购布局；国家建立奶畜政策性保险制度，省级以上财政应当安排支持奶业发展资金，并鼓励对奶畜养殖者、奶农专业生产合作社等给予信贷支持；畜牧兽医技术推广机构应当为奶畜养殖者提供养殖技术、疫病防治等方面的服务。二是对奶畜养殖场加强规范。《条例》规定，设立奶畜养殖场要符合规定条件，并向当地畜牧兽医主管部门备案；奶畜养殖场要建立养殖档案，如实记录奶畜品种、数量以及饲料、兽药使用情况，载明奶畜检疫、免疫和发病等情况。三是对生鲜乳生产加强质量安全管理。《条例》规定，养殖奶畜应当遵守生产技术规程，做好防疫工作，不得使用国家禁用的饲料、饲料添加剂、兽药以及其他对动物和人体具有直接或者潜在危害的物质，不得销售用药期、休药期内奶畜产的生鲜乳；奶畜应当接受强制免疫，符合健康标准；挤奶设施、生鲜乳贮存设施应当及时清洗、消毒；生鲜乳应当冷藏，超过2小时未冷藏的生鲜乳，不得销售。四是强化乳制品生产企业的检验义务。在现行乳制品生产许可制度的基础上，《条例》进一步细化了相关条件和要求，并规定乳制品生产企业应当严格执行生鲜乳进货查验和乳制品出厂检验制度，对收购的生鲜乳和出厂的乳制品都必须实行逐批检验检测，不符合乳品质量安全国家标准的，一律不得购进、销售，并对检验检测情况和生鲜乳来源、乳制品流向等予以记录和保存。五是规范乳制品的生产、包装和标识。《条例》规定，乳制品生产企业应当符合良好生产规范要求，对乳制品生产从原料进厂到成品出厂实行全过程质量控制；生鲜乳、辅料、添加剂、包装、标签等必须符合乳品质量安全国家标准；使用复原乳生产液态奶的必须标明"复原乳"字样。六是对于不安全乳制品而言，要构建完善的召回制度。《条例》中明确说明，一旦生产商发现生产出的乳制品低于国家标准，可能会对人体健康甚至生命造成危害，就应当马上停止生产，并向相关部门进行汇报。同时，生产者有义务向销售者与消费者进行告知，召回出厂和上市销售的乳制品，在完成召回工作后，应当在第一时间对其进行销毁或实施无害化处理，以免这些产品对人体产生危害。此外，相关部门一旦发现产品不安全，有监督生产者召回的重大责任。

（四）农产品质量法

《中华人民共和国农产品质量安全法》（以下简称《农产品质量安全法》）自2006年11月1日起施行，该法的颁布填补了我国初级农产品质量监管法律的空白，标志着我国的农产品质量安全管理全面纳入法制化轨道，同时也从源头上保障了农产品质量安全，维护了公众健康，促进了农业和农村经济发展。

《农产品质量安全法》明确了农业部门"从农田到市场"的全程监管职能，针对保障农产品质量安全的主要环节和关键点，确立了安全管理体制、安全标准的强制实施制度、农产品产地管理制度、包装和标识管理制度、监督检查制度、风险评估和信息发布制度、责任追究制度七项制度。该法主要包括以下七部分内容：

总则：对于农产品及其质量安全的相关信息进行了定义，针对其范围、质量安全风险领域的评估、管理和交流进行了规定，同时还制定了一些关于农产品质量安全信息的相关标准。作为农产品，意味着源自农业领域的初级产品，也就是通过农业活动所获得的动植物、微生物及其产品。

质量安全标准体系：规定了农产品质量安全标准体系的建立性质，以及制定、发布、实施的程序和要求等。

产地：规定了农产品禁止生产区域的确定、基地建设、合理使用农业投入品等方面。

生产：规定了农产品生产技术规范的制定和操作规程，农产品投入品的生产许可与监督抽查和管理，生产者质量安全知识培训和自检以及生产档案记录等方面。

包装和标识：该部分对农产品包装具体标识内容进行了明确规定。

监督检查：确立了较全面的农产品质量安全监督检查制度，对监测和监督检查制度、检验机构资质、进口农产品质量安全要求等进行了明确规定。

法律责任：规定了违反《农产品质量安全法》所应承担的法律责任。

《农产品质量安全法》的出台规范了农产品秩序，推动了农业生产方式的改变，提高了农产品质量安全水平，确立了具有针对性、可操作性的七项基本制度，建立了农产品从农田到市场全程的监管体系，完善了农产品质量安全监管长效机制。

（五）产品质量法

《中华人民共和国产品质量法》（以下简称《产品质量法》）于1993 年 2 月 22 日获得通过，2000 年 9 月 1 日起施行《中华人民共和国产品质量法》（修订版），修订版共分六章七十四条，包括总则、产品质量的监督、生产者和销售者的产品质量责任和义务、损害赔偿、罚则、附则。

我国《产品质量法》所称产品是指经过加工、制作，用于销售的产品。下列产品不适用《产品质量法》：①初级农产品（指种植业、畜牧业等，例如生牛乳等）及天然形成的产品（如石油、原煤等）。②虽然经过加工、制作但不用于销售的产品（例如为科学研究或为自己使用而加工制作的产品）。③建筑工程（建设工程使用的建筑材料、建筑物配件和设备，属于前款规定的产品范围的，适用本法）。④军工产品（军工产品质量监督管理办法，由国务院、中央军委另行规定）。

《产品质量法》调整的对象为：第一，产品质量监督管理关系，即行政监管机关在监管过程中与生产经营者之间的关系；第二，产品质量责任关系，即生产经营者与消费者、用户及相关第三人之间的关系，因产品质量问题引发的损害赔偿责任关系。

产品监管制度主要包括产品质量检验制度、企业质量体系认证和产品质量认证制度、产品质量监督检查制度、产品质量责任制度四方面制度。

（六）《食品流通许可证管理办法》

自 2009 年 7 月 30 日起，《食品流通许可证管理办法》（以下简称《办法》）由工商总局审议通过并公布，从公布日起开始正式产生效力。

1. 《食品流通许可证管理办法》的内容体系

《办法》中共有七章，可细化为 44 个具体条例，含有总则、申请与受理、审查与批准、许可的变更与注销、许可证的管理、具体的监督检查及相应的附则。

第一章为总则，含有从第 1 条到第 8 条共八条细则，针对立法的宗旨、调整的具体范围与领取许可证的相应对象等各项内容进行了规定。

第二章为申请与受理部分，含有从第 9 条到第 14 条共六条细则，针对申请的具体条件、材料要求及相应的程序等各方面的内容进行了规定。

第三章为审查与批准部分，含有从第 15 条到第 19 条共五条细则，针对许可的事项、方式和准予决定等各项内容进行了规定。

第四章为许可的变更与注销，含有从第 20 条到第 26 条共七条细则，针对食品许可证的变更、延续、撤销和注销等各项内容进行了规定。

第五章为许可证的管理，含有第 27 条到第 30 条共四条细则，针对许可证的具体形式和时效、内容、编号和保管等各项内容进行了规定。

第六章为监督检查，含有第 31 条到第 39 条共十条细则，针对监督检查、法律责任及相应的处罚措施等各项内容进行了规定，

第七章为附则，含有第 40 条到第 44 条共五条细则，针对新旧证件的衔接、经费方面的保障以及法律等各方面的内容进行了规定。

2. 《食品流通许可证管理办法》中的几个重要问题

（1）食品流通许可机关。

《办法》中有这样的规定，县级和高于县级的地方工商行政机构就是食品流通许可的实施机构，相应的具体工作要通过工商行政管理机构承担流通领域的食品安全监管方面的职能。同时，各地的工商行政机构所要进行的分工要由各省级、自治区、直辖市的工商行政管理机构决定。

（2）食品流通许可证与营业执照。

《办法》中规定，要成立新的食品生产企业，首先应当对企业的名称进行核查。按照有关法律的规定获得生产许可之后，再进行工商登记。同时，其他食品生产者也应当按照法律的规定获得食品生产和流通的许可以及餐饮服务许可，再办理相应的登记。对于生产和加工类的小作坊及小商小贩，可以另行规定。

《办法》中有这样的规定，作为食品经营人员，应当合法获取食品流通许可证，接下来再向有等级管辖权的工商行政管理机构进行等级注册方面的申请。如果没有取得流通许可及营业执照，不可以开展食品经营的相关活动。

（3）食品流通许可事项。

按照《办法》中的有关规定，食品流通许可事项含有经营场所、

负责人以及许可范围等多个种类。许可范围是包含经营项目及方式几个类别的。其中，前者要以预包装和散装两个分类进行核查与确定，后者则能够划分为批发、零售、批发兼零售三种具体的种类。

（4）《食品流通许可证》的申领对象。

为贯彻落实不久前出台的食品安全法关于食品生产经营主体准入条件的规定，严把食品市场主体准入关，《办法》规定，在流通环节从事食品经营的，应当依法取得食品流通许可。

然而，目前已经获得食品生产许可的厂商在生产阶段就销售其实是无须获得食品流通方面的许可的。同时，已经在餐饮服务领域获得许可的经营者在获得许可的地点内销售相应的加工食品，也是无须获得食品流通许可的。

食品经营人员如果已经获得了许可证且在有效期内，则该证明仍有效。但若许可证中的事项发生了变化，又或者是有效期已经到期，经营者就必须申请领取《食品流通许可证》。

（5）《食品流通许可证》的申领条件。

在申请领取食品流通许可证时，必须与相应的食品安全标准相符合，具体如下：

首先，有同经营的食品品种和数量相适应的食品原料处理及加工、包装和贮存的专门场所。同时，这一场所应当确保干净、整洁，确保无毒害物质及其他污染源。

其次，有同经营的食品品种和数量相适应的食品加工设施。同时，还应当具有配套的消毒、盥洗、采光照明、通风、防腐防尘、洗涤及处理废水等设备。

再次，配备熟悉生产流程和安全规范的专门技术人员、管理者，并制定完善的操作流程与规章制度。

最后，在设备布局及生产的工艺流程方面要提升重视，避免待加工食品和原料与成品等出现交叉污染的现象，让食物远离有毒物质和不洁物质。

（6）申请领取《食品流通许可证》所需材料。

如果食品经营人员想要申领《食品流通许可证》，那么就要提前准备并提交以下材料：第一，《申请书》；第二，《名称预先核准通知书》

复印件；第三，同食品经营相适应的经营场所的使用证明；第四，负责人和食品安全管理者的有效身份证明；第五，与食品经营相关的经营设备与工具清单；第六，有关的设备布局和操作流程的相关文件；第七，管理制度文本；第八，当地政府部门规定的其他材料。

如果申请者要委托他人进行申请，受委托者需要提交委托书和相关人员的身份证明。具备合法主体资格的经营人员应当在经营范围内增加相关的目的，并进一步提交营业执照等有关的资格证明。与上一种情况不同的是，委托人无须提供《名称预先核准通知书》复印件。

如果要为新成立的食品经营企业进行流通许可的申请，应当让投资人作为许可的申请人。具备主体资格的企业如果要申请食品流通许可，则企业可以作为许可申请人。若企业的下属分支机构要申请流通许可，则应当由企业作为申请人。若个人或个体工商户要申请流通许可，则应当让业主为许可申请人。

要申请该证件所应当提供的材料应当注意以下几点：真实、合法、有效、合规。同时，申请人应当对自己提交材料的性质负责。

（7）食品流通许可的变更、注销、撤销和吊销。

①食品流通许可的变更。食品经营者如果想要更改许可事项，要面向原来的许可机关进行申请。在得到许可之前，不可以自己更改许可事项。②食品流通许可的注销。如果许可到期或与法律规定不符，则应当对其进行依法注销。③食品流通许可的撤销。在食品流通许可方面进行撤销，意味着要将发放食品的流通许可证的机构或其上级对其进行撤销。④食品流通许可证的吊销。一旦食品流通许可证被吊销，就相当于经营人员受到了行政处罚，而这也是相关机构强制性地取消食品经营者的流通模式的一种方式。《食品安全法》中明确说明了经营者一旦聘用不应参与食品生产管理工作的人进行管理，就要受到吊销许可证的处罚。同时，一旦许可证被吊销，主管人员也会受到五年内不得从事食品经营管理相关工作的惩罚。

（8）对食品流通许可的监督检查。

针对县级和县级以上的地方工商行政管理机构而言，应当充分按照相关法律法规所规定的职责，针对食品经营管理的从业者开展监督和检查工作。具体的内容含有：

①食品经营者是否具备食品流通许可证。②食品经营者的相关经营条件是否变化。对于与经营要求不符的场所，经营人员有没有在第一时间进行整改。若存在食品安全事故的发生风险，经营人员是否第一时间停止经营并上报给工商行政机构。若许可手续不合格需要重新办理，经营人员是否按照法律规定进行办理。③食品流通的许可事项若出现变更，经营人员是否按照法律规定进行变更，或重新申请许可证。④对于食品流通许可证，是否存在伪造、涂改、倒卖、出租或借助各类手段违法转让的行为。⑤经营场所内的工作人员是否具备身体健康证明材料。⑥食品在贮存、运输以及销售等多个过程中，能否保障食品质量并尽量控制污染。⑦是否符合法律和法规要求中的其他情形。

（9）食品经营者信用档案管理。

《办法》明确规定，县级及其以上地方工商行政管理机关应当依法建立食品流通许可档案。借阅、抄录、携带、复制档案资料的，依照法律、法规及国家工商行政管理总局有关规定执行。任何单位和个人不得修改、涂抹、标注、损毁档案资料。

《办法》中明确规定了县级和高于县级的工商行政管理机构，要按照法律规定构建食品流通许可档案。如果有借阅、抄录、携带、复制相关资料的，应当以法律法规中说明的内容合理执行。同时，无论是单位还是个人，都不得对档案资料进行修改、涂抹或标注。

《办法》中还有规定，说明县级和高于县级的地方工商行政管理机构应当就食品经营者建立相关的信用档案。档案中应当记录许可颁发、监督结果以及违法行为的查处等。针对食品经营者开展食品经营活动的监督检查工作过程中，工商行政管理机构应当把有关结果进行公示和记录，并在双方人员确认后归档。

（10）食品流通许可证与食品卫生许可证的衔接。

《办法》针对食品流通及卫生许可证之间的衔接制定了较为明确的规定及要求。

食品的经营人员如果有在《办法》实施前就已经获得卫生许可证，则该许可证继续有效。一旦原有的许可证出现事项变化或有效期满，经营人员应当按照新出台的《办法》中的相关规定进行申请，并在许可机构进行审核后，将卫生许可证撤销，更换流通许可证。

就食品卫生许可证继续保持有效的食品经营人员来说，在县级和高于县级的工商行政管理机构应当按照相关法律和法规的规定，在一定时间内开展食品活动的监督与检查工作。

二 食品安全标准体系

20 世纪 60 年代，中国的食品安全标准体系开始形成。从 60 年代到 70 年代、70 年代到 80 年代、80 年代到 90 年代，整个体系经历了初级、发展和调整阶段，目前已经进入了巩固发展阶段。在四十余年的发展历程中，我国的食品安全标准体系的构建已经走到了新的水平线上。现在，已经初步形成了围绕国家标准的，结合了行业、地方和企业标准并实现相互补充的，多个门类共同协调配合，促使中国食品产业不断发展，安全水平进一步提升，确保人民身体健康能够不断适应的新机制。

（一）标准及标准化

所谓标准，就是指要在某种范围内获得最好的秩序，并针对活动及其结果进行规定，找出共同适用、重复使用的规则或相应的文件。这些文件在经过协商之后就能够构成一个公认的标准。

这一定义揭示了"标准"这一概念具有如下几个方面的含义：

（1）标准的本质属性是一种"统一规定"。这一统一规定便是有关各方"共同遵守的准则和依据"。

（2）制定标准的对象的特征，即重复性。重复性是指同一事物反复多次出现。只有对重复出现的事物，才有必要制定标准。

（3）标准产生的基础是指科研成果、技术水平和实践经验，并且经有关各方协商一致。

（4）标准文本有专门的格式和批准发布的程序。

所谓标准，就是围绕科学、技术以及实践经验的融合成果，并在其基础上经由各方面协商一致，使主管机构不断批准，通过特定形式发布并共同遵守的相应准则。

标准化即为在经济、技术、科学及管理领域的社会实践中，制定、贯彻、实施标准的全部过程，包括标准的起草、复审和修订。中华人民共和国成立后，我国标准化工作一直由政府管理。由于长期计划经济的影响，标准化工作存在许多问题，所以标准化工作、标准的模式必须改革。到一定时期，采标工作、标准化工作将不一定由政府统一管理。

（二）食品安全标准体系

所谓食品安全标准体系，就是围绕科学与标准化原理，以风险的分析原则与方式，针对食品的生产、加工、流通与消费中的能够对食品安全和质量产生影响的重要因素进行管控所要遵循的标准。同时，将这些标准进行内在的逻辑联系分析，构成系统、科学、可行的有机整体。

1. 制定食品标准的目的

食品标准是食品行业中的技术规范，它涉及食品领域的方方面面，包括食品产品标准、食品卫生标准、食品工业基础及相关标准、食品包装材料及容器标准、食品添加剂标准、食品检验标准以及各类食品卫生管理办法、食品企业卫生规范等。制定食品标准的目的主要有以下几个方面：

（1）保证食品的食用安全性。

食品标准是衡量食品合格与否的手段。通过规定食品的感官指标、理化指标、微生物指标、检测方法、包装、贮存等一系列的内容，使合格食品具有令消费者放心的安全性，从而保证食品的安全性，保障人类健康。

（2）国家对食品行业进行宏观管理的依据。

食品工业已成为目前世界上第一大产业。每年的营业额高达2万亿美元以上，食品工业在我国经济建设中也起着举足轻重的作用。国家在对食品行业进行管理时，离不开食品标准。依据食品标准可以鉴别以次充好、假冒伪劣食品，保护消费者利益，整顿和规范市场经济秩序，营造公平竞争市场环境。

（3）食品企业科学微观管理的基础。

食品企业管理离不开食品标准，食品标准是食品企业全面提高产品质量的前提，食品生产的每个环节，都要以食品标准为原则，随时随地监控一些控制指标，确保产品最终能达到合格。食品质量是整体概念，包括安全指标、营养指标、物理指标、化学指标、感官特性。食品标准是保证食品质量的有力措施。

2. 食品标准的分类

《中华人民共和国标准化法》（以下简称《标准化法》）第 6 条规定：如果在全国中有统一的技术要求，就应当制定相应的国家级标准。这一标准的制定是由国务院标准化的行政主管部门负责制定的。其管辖的具体范围缺乏国家标准，同时需要在行业内获得相应的技术支持。制定后，要上报给国务院标准化行政主管部门进行备案。国家标准一经公布，行业标准就不再产生作用。如果企业生产的产品缺乏国家及行业标准，首先应当由生产产品的企业制定相应的标准，以便于开展生产活动。食品生产企业制定企业标准，应当在组织生产之前向省、自治区、直辖市卫生行政部门（以下简称"省级卫生行政部门"）备案产品企业标准。已有国家标准或者行业标准的，国家鼓励企业制定严于国家标准的企业标准，在企业内部使用。

（1）按级别分类。

尽管食品标准种类繁多，但按其级别可分为国家标准（用 GB 表示）、行业标准（用 SB、NY、SN、QB 等表示）、专业标准（用 ZBX 或 ZBB 表示）、地方标准和企业标准五级。从行政级别上来说国家标准高于行业标准，行业标准和专业标准高于地方标准，地方标准高于企业标准。但内容上却不一定与级别一致，一般来讲企业标准的一些技术指标应严于地方、行业或国家标准。

在食品行业，基础性的卫生标准一般均为国家标准，而产品标准多为行业或企业标准。但不论是哪种标准，其中的食品卫生标准必须与国家标准相一致，或严于国家标准。

国家标准又划分为强制性标准和推荐性标准。强制性标准必须执行，推荐性标准自愿采用。国家鼓励企业积极采用推荐性标准。

首先，强制性标准。从国家层面来讲，强制性标准意味着"国家对于技术规范所进行的强制要求"。按照《标准化法》中的相关规定可知，能够确保人体健康，保障人身及财产安全的相关标准与法律是强制性标准。行政法规和食品卫生标准都是强制性标准，后者是十分重要的，因为它与民众的身体健康有密切联系。

其次，推荐性标准。《准化法》第 14 条规定，"推荐性标准，国家鼓励企业自愿采用"。依据上述条文和解释，推荐性国家标准或行业标准具有以下作用：是指导企业制定企业标准的依据；是对产品进行质量认证的依据；是行业（产品质量）评比的依据；是评价企业标准水平的依据；推荐性标准一旦纳入国家指令性文件，就具有行政约束力；是政府采购的依据；是供需双方签订合同的依据；如果标签上表明的产品标准号是推荐性国家标准或行业标准，就是企业对消费者的明示担保，应作为监督检查的依据，推荐性食品标准代号形式为"GB/T××××"，而强制性标准无"/T"，为"GB××××"，如推荐性标准：GB/T 19480—2009《肉与肉制品术语》；强制性标准：GB2762—2012《食品中污染物限量》。

（2）按内容分类。

从内容上分类，食品标准包括食品产品标准、食品卫生标准、食品工业基础及相关标准、食品包装材料及容器标准、食品添加剂标准、食品检验方法标准、各类食品卫生管理办法等。

除此之外，食品企业卫生规范以国家标准的形式列入食品标准中，它不同于产品的卫生标准，它是企业在生产经营活动中的行为规范。它主要围绕预防、控制和消除食品的微生物和化学污染，保证产品卫生质量这一宗旨，对企业的工厂设计、选址和布局、厂房与设施；废水和废物的处理；设备、管道和工器具的卫生；卫生设施；从业人员个人卫生、原料的卫生、产品的卫生和质量检验以及工厂的卫生管理提出规范要求。我国的食品企业卫生规范就是根据各类食品的良好生产规范（GMP）、危害分析和关键控制点（HACCP）的原则制定的。

3. 食品标准的内容

20 世纪五六十年代，我国开始制定食品卫生标准，1983 年颁布了《中华人民共和国食品卫生法》，1995 年修订了《中华人民共和国食品卫生法》。到 21 世纪初，国家卫生部又按照标准化准则和世界贸易组织（WTO）的原则，通过了 425 项新的卫生标准。2009 年颁布了《中华人民共和国食品安全法》。

（1）食品卫生标准，是食品卫生的基础性标准，我国食品卫生标准可以分为感官指标、理化指标和微生物指标。但并非所有的卫生指标都有以上三项指标，主要依据需要而有所不同。

食品（包括原料和加工制品）形状不同，其品质也不同，可以通过感觉进行鉴别。对视频的感官体验，包括检查食品的颜色、气味和组织形态三个方面。

理化指标是食品卫生指标中重要的组成部分，包括食品重金属离子和有害元素的限定，如砷锡铅铜汞的规定，食品中可能存在的农药残留、有毒物质（如黄曲霉毒素数量的规定）及放射性物质的量化指标都是食品卫生标准中理化指标的重要内容。根据食品卫生标准的不同和需要，卫生指标同时也可能增加一些其他化学指标作为理化指标。

微生物指标通常包括细菌总数、大肠菌群和致病菌三项指标，有的还包括酵母、霉菌指标。菌落总数是指食品检样经过处理，在一定条件培养后，所得 1 克或 1 毫升检样中所含细菌菌类的总数，它可以作为判定食品被细菌污染程度的标志。大肠菌群指的是革兰阴性无芽孢杆菌，其特征有：第一，需氧及兼性厌氧；第二，在 37℃ 的环境下能分解乳糖；第三，能够产酸产气。通常而言，大肠菌群中的细菌含有大肠埃希菌、柠檬酸杆菌、产气克雷白氏菌和阴沟肠杆菌等几类，它主要源于人类和牲畜的粪便。所以，使用大肠菌群作为卫生质量的评价标准是有科学依据的，而大肠菌群也是食品卫生评估活动中的一项重要标准。2014 年 7 月 1 日实施的 GB 29921—2013《食品中致病菌限量》，对 11 大类食品的致病菌进行了新的规定。删除了对志贺菌的检测，肉制品中增加了对单增李斯特、大肠 0157：H7 的检测要求，生食果蔬制品中增加了对大肠 0157：H7 的检测要求，同时对金黄色葡萄球菌、副溶血性弧菌规定了新的检出限，取代"不得检出"的规定。

（2）食品产品标准一般包括范围、引用标准、相关定义、原辅材料要求、感官要求、理化指标、微生物指标、检验方法、检验规则、标志、包装、运输、贮藏。

在范围中，一般阐述标准的规定内容与适用范围。在引用标准中一般列入标准中引用到的相关标准目录，在文本中直接引用，不再重复其内容，尤其是那些基础性的食品卫生方面及检测方法的标准，因为根据《标准化法》第 10 条的规定，"制定标准应当做到有关标准的协调配套"。在定义中规定，标准中出现的较为模糊不定、容易造成混淆的行业术语，在定义过程中，明确其具体定义，有相关标准的，按标准要求。没有相关标准的原辅材料，应阐述它们的要求。感官要求一般表述产品的色泽、滋味和气味、组织形态等。产品的特性指标是指能反映产品特点并能对其质量起到控制作用的指标，如罐头食品的净含量和固形物含量的指标，蛋白质饮料的蛋白质含量等都是比较关键的产品特性指标，在理化指标中必须予以规定，以保证产品质量。产品卫生指标必须符合强制性的国家卫生标准的要求。凡是在标准中规定的理化指标和微生物指标均需要有相应的检测方法。

另外，食品产品标准中检验规则和有关标志、包装、运输和贮存的规定也是必不可少的。食品产品的保质期要求包括在产品标准的贮存规定之中，各种不同的食品产品，有不同的保质期要求。但并非所有食品都必须标注保质期，一些可以长期贮存的食品，如高度酒、食盐就可以不在标签上标注保质期。在保质期内，生产企业应保证产品的合格，不论是理化指标还是微生物指标，在保质期内均应符合产品标准要求。

（3）其他食品产品标准食品工业基础及相关标准、食品包装材料及容器标准和食品添加剂标准中规定的内容与食品卫生标准及产品标准基本相仿。但食品检验方法标准不同，它主要规定检验方法的过程，使用的仪器及化学试剂；各类食品卫生管理办法不同于一般标准的格式，虽然作为标准形式，但内容上主要是文字叙述的条款，结合《中华人民共和国食品安全法》实行对各类食品进行卫生监督管理。

（三）食品标准的制定程序及编写要求

1. 食品标准的制定程序

食品标准的制定一般分为准备阶段、起草阶段、审查阶段和报批阶段。

（1）准备阶段。

在此阶段需查阅大量的有关资料，其中包括相关的国际、国内标准和企业标准，然后进行样品的收集，进行分析、测定，确定能控制产品品质的指标项目，如特性指标中哪些是关键性的指标，哪些不是关键性指标，都是前期准备工作中需要确定的内容。在准备阶段，大量的实验是必须进行的。

（2）起草阶段。

起草阶段的主要工作内容有：编制标准草案（征求意见稿）及其编制说明和有关附件，广泛征求意见。在整理汇总意见的基础上进一步制定标准草案（预审稿）及其编制说明和有关附件。

（3）审查阶段。

食品产品标准的审查分预审和终审两个过程。预审由各专业技术委员会组织有关专家进行，对标准的文本、各项指标进行严格审查；同时也审查标准草案是否符合《标准化法》和《标准化实施条例》，技术内容是否符合实际和科学技术的发展方向，技术要求是否先进、合理、安全、可靠等。预审通过后按审定意见进行修改，整理出送审稿，报全国食品标准化技术委员会进行最终审定。

（4）报批阶段。

终审通过的标准可以报批，行业标准上报到至级主管部门，国家标准上报至国家质量监督检验检疫总局，批准后进行编号发布，企业标准上报至省级卫生主管部门备案。

2. 食品卫生标准的制定程序

食品卫生标准的制定程序包括食品卫生标准中有害化学物质、理化指标、微生物指标的制定程序。其基本制定程序主要为：收集样品，对样品进行分析测定，对测定数据进行分析，根据国际标准和我国国情，最终把关键性的指标列入标准。但食品卫生标准中有害化学物质（包括微生物毒素和放射性核素）的制定程序除上述程序之外，尚需通过以下五个步骤：

（1）动物毒性试验是指研究实验动物在一定时间内，以一定剂量进入动物机体的外来化学物质所引起的毒性效应或反应的试验方法。它是食品毒理学研究的最基本方法。

（2）确定动物最大无作用剂量（MNL）。一般情况下，化学物质所引起的对动物机体的毒性作用随着剂量逐渐降低而逐渐减弱。当化学物质的数量逐渐减到一定剂量时，不能再观察到它对动物所引起的毒性作用，这一剂量即为动物最大无作用剂量，用体重毫克/千克表示。动物最大无作用剂量是评定外来化学物质毒性作用的重要依据。

（3）人体每日允许摄入量（ADI），这是人类终生每日摄入的该化学物质不危害人体健康的剂量，用体重毫克/千克表示。ADI值当然不可能由人体试验测定，而是由动物试验结果换算而来。考虑到动物与人的中间差异，再考虑人的个体差异即个人对该化学物质的敏感差异，以此确定安全系数，然后进行计算。安全系数通常取100，换算公式如下：

人体每日允许摄入量（ADI）=动物最大无作用剂量（MNL）×1/100（体重毫克/千克）

（4）全部摄取食品中的总允许量。人类每日允许摄入的化学物质不仅来源于食物，还可能来源于饮水和空气等。因此，必须首先确定该物质来源于食品的量占总量的比例，才能据此计算该物质在食品中的最高允许量。一般情况下，通过食品进入人体的达到80%—85%。而来自饮水、空气等其他途径者不足15%。

（5）各种食品中的最高允许量。要确定一种化学物质在人体内所摄取的各种食品中的最高允许量，则需要了解含该物质的食品种类，并了解各种食品的每日摄入量。对多种食品，必要时还要了解各种食品最高允许量是否相同，然后根据以上情况再进行计算。

在各种不同的食品中，允许量的标准是基于上文所提到的不同食品的含量上限的，但由于实际情况存在不同，可以对其进行一些调整。假如实际含量比最高允许量低，就应当把实际含量当作真正标准；假如实际含量比允许量高，应当找出导致这种情况出现的原因并予以调整。

在具体制定时，还应考虑化学物质的毒性、特点和实际摄入情况，将标准从严制定或放宽。考虑的因素常有以下几点：

①此类化学物质在人体内存在的积蓄和代谢方面的特征，像不容易排泄或解毒难度高等要进行严格监管；②此类化学物质具备的毒性特征，如果可能导致像致癌、致突变等严重的后果要进行严格监管；③此类化学物质在食品生产中的应用情况，如果要长期使用要进行严格监管；④此类化学物质的食用对象如果是老人、儿童和病人，要进行严格监管；⑤此类化学物质在进行烹饪和加工时如果显示出较强的稳定性，要进行严格监管。

由上述情况得知，制定食品中的某化学物质的允许量标准时，带有一定的相对性。

故标准制定后，还应进行验证。此外，随着科学技术的发展，允许量标准还应不断地进行修订。

3. 食品标准的编写要求

依据 GB/T 13494—1992《食品标准编写规定》的要求，食品标准的正文部分内容包括主体内容与适用范围、引用标准、术语、产品分类、技术要求、实验方法、检验规则、标签和标志、包装、贮存、运输与其他。接下来，针对产品的分类、技术领域的使用要求、实验方式、检验规则、标签标志、包装、运输和贮存等各个方面的具体要求进行介绍。

（1）产品分类的编写要求。食品产品可根据需要按品种、原料、工艺、成分、形态、用途、包装、规格等进行分类。当分类部分的某些要求属于需要检验的技术指标时，应在"技术要求"中加以规定。较高层次的分类可制定为单独的标准，具体食品的分类应作为产品标准的一部分。

（2）技术要求的编写。产品标准中记述的主要内容就是对产品质量指标的规定，它是构成产品标准的重要核心部分。技术要求的编写应充分考虑食品的基本成分和主要质量因素、外观和感官特性、营养特性和安全卫生要求，以及消费者的心理、生理因素等，尽可能定量地提出技术要求。能分级的质量要求，应根据需要，做出合理的分级规定。

涉及感官、理化、生物学等各个方面的技术要求，应根据产品的具体情况，划分层次予以叙述。可以将技术要求划分为质量与卫生两类指标分别制定标准。标准中涉及安全、卫生指标的，如有现行国家标准或行业标准的可直接引用，或规定不低于现行标准的要求。

第一，对原料和辅料的要求：在技术层面对原料和辅料提出要求也是产品安全、卫生的重要保障，能够帮助质量指标达到一定标准。在这里，我们并不是说要针对所有的原料和辅料进行要求，而是要针对能够直接对安全、卫生与产品质量产生影响的原料和辅料进行规定。目前，如果国家和行业已经在这一领域进行了标准上的规定，可以直接引用；如果不具备国家或行业标准，可以对其进行基本要求的规定，同时还可以从附录中进行原料和辅料的规定。

第二，对外观和感官的要求：在这一领域，要包括色泽、味道、气味、外形和质地等多个方面。针对外观与感官所具备的特征一定要具体，如果有缺陷，应当清晰地标注出来。

第三，对理化的要求：应当针对食品所具备的物理和化学指标进行一些规定。①理化指标，如净含量、固形物含量、比体积、密度等。②化学成分，如水分、灰分、营养素的含量等。③食品添加剂允许量。④农药残留限量。⑤兽药残留限量。⑥重金属限量。

理化要求中的指标应以最合理的方式规定极限值，或者规定上下限，或者只规定上限或下限。

第四，生物学要求：应对食品的生物学特性和生物性污染做出规定。①活菌酵母、乳酸菌等。②细菌总数、大肠菌群、致病菌、霉菌等。③寄生虫、虫卵等。

（3）在编写试验方法时，应当注意采取目前现行的标准方式。在进行试验时，要在步骤和原理方面与现行标准保持一致。如果少数操作步骤存在区别，可以在现行引用标准的前提下规定不同之处，最好不要重复制定。如没有现行标准试验方法可供采用时，可以规定试验方法。化学分析方法的编写格式按 GB/T 20001.4—2001《标准编写规则第 4 部分：化学分析方法》的规定。

（4）在编写检验规则时，要求主要含有：检验分类、进行检验过程中所含有的不同实验项目、产品的组批、抽样或取样的具体方式、对于检验结果的判定以及在复验方面所要遵循的该规则。

第一，检验的分类：含有出厂检验（也就是交收检验）以及形式检验（也就是例行检验）。在进行出厂检验时，对检验的具体项目进行规定，其中含有影响产品质量的因素以及安全、卫生方面的指标。在进行例行检验时，对检验技术的具体项目进行规定，以便于能够实现针对质量的全面考察。

如果出现以下情形其中的一种，就应当开展例行检验：①在鉴定试制出的新产品时。②在真正投入生产后，如果原料和制作方式有较大变化，有可能对产品质量产生影响时。③当产品已经停产较长时间后又恢复生产时。④当出厂检验的结果同上一次的例行检验结果存在较大差距时。⑤当国家的质量监督机构要求生产者开展例行检验时。正常生产时，定期或积累一定产量后，也应规定周期检验的期限。

第二，抽样与组批规则：按照每种产品所具有的不同特征进行抽样方案的规划，其中含有地点、环境方面的要求以及抽样保存的条件等多个方面。按照组别的批次，可以按照生产班次、生产线、产量或批量的不同所确定。抽样检验最重要的就是确保样品和总体的一致性得到保障。

第三，判定规则：对于各类检验，都应当制定相应的规则，也就是判断产品合格与否的规则及规定因检验或式样等各方面存在误差而需要进行复验的规则。

（5）标签与标志的编写要求标签内容可以写为"应按照 GB 7718—2011 规定，在标签上标注产品名称、配料……"，也可以根据 GB 7718—2011 的规定，写明详细标注内容。

标志指产品运输包装上的标注。具体标注内容除参考标签主要内容外，还应包括产品的收发货标志、贮运图示标志等。

（6）包装、运输、贮存的编写要求。第一，包装。①从包装环境方面而言：应当针对包装环境的卫生、安全设施和温湿度环境进行规定。②从包装材料方面而言：如果目前对于包装材料有一定的标准，可以直接引用；如果缺乏标准，可以针对基本要求作出规定。③从包装容器方面而言：应当针对其类型、尺寸、外观和物理及化学方面的性能作出规定。④从包装要求方面而言：应当针对包装的具体规格、程序和相应的注意事项进行规定，同时还应当注意封口及封箱以及捆扎的要求。

第二，运输。①运输方法。要明确说明使用什么样的工具进行运输。②运输条件。要明确说明运输时在遮篷、密封、温度、通风以及制冷等方面的要求。③运输的注意事项。要明确说明装卸和运输方面的要求，同时针对部分食品应当制定的保险及防污染措施。

第三，贮存。应根据食品的特点规定贮存要求，一般包括：①贮存的场所。应当对于库房和温度等条件进行说明。②贮存的条件。应当对于温湿度、通风条件进行说明，并预防有害因素的产生。③贮存的方式。应当对于堆放货物的方法、高度以及垛点进行说明。④贮存的期限。应当明确说明货物的适当库存期限，或规定产品的保质期。

第三节　中国食品质量安全认证体系

一　良好操作规范（GMP）

良好生产规范又称良好操作规范（Good Manufacture Practice, GMP）指着对食品企业在原材料和辅材的采购、产品加工以及包装和贮存运输的具体过程应做出规定。同时，在人员、设备、卫生、生产过程与产品质量等各方面所应当达成的条件与要求，确保能够为消费者提供安全、可靠和卫生的产品。

GMP 是奠基于现代科技知识之上，借助现金的管理技术模式，用来解决在食品生产中可能存在的质量与安全卫生方面的问题。它是确保食品工业现代化与科学化的重要条件，同时也是保障食品品质与卫生的重要因素。

（一）GMP 的历史和现状

GMP 的相关理念源于针对药品的良好的操作方式。从 20 世纪 60 年代至今，在科学水平与医疗技术不断提升的今天，源于药品和化妆品的病症感染逐渐受到了越来越多人的重视。西方很多国家都报道了药品、化妆品所造成的生物污染以及药品相互之间造成交叉感染的案例，并对其进行了相应的研究。此时，美国食品药品管理局也发现应当借助立法的方式进一步提升药品的安全生产模式。60 年代，颁布了药品的生产规范并予以实施。60 年代末期，颁布了 GMP 基本法，对于食品的制造、加工、包装、贮藏和运输等各个环节进行了明确规定。

20 世纪 60 年代末期，世界卫生组织（WHO）在第 20 届世界卫生大会中，针对部分顾问的请求进行了回应，进一步编制了《药品生产质量管理规范》，也就是 GMP 的第一个草案。随后，这一草案被上交到第 21 届世界卫生大会之中，获得了通过。接下来，WHO 药品生产规范的专家委员会针对草案进行了修正，将修正后的草案作为世界卫生大会的附件出版。1969 年，第 22 届世界卫生大会已经通过了世界卫生组织推荐的相关内容，将 GMP 当作世界首版《国际贸易中药品质量签证纲要》中的重要内容，同时又将其列入第 22 届世界卫生大会之中。在两年后，对其稍加修改之后，作为国际药典的补充材料再次出版，并受到了欧、美、日等国家的广泛重视，中国根据结合本国的具体情况制定了地域性的 GMP。

在国际食品法典委员会的日常工作中，基于良好生产规范，又进一步制定出了《食品卫生通则》和超过三十种食品卫生领域的实施法规，能够给会员国制定相关法规时作为参考性的内容。此时，在国际食品生产贸易领域，上述法规已经成为重要的准则，能够在很大程度上消除非关税的壁垒，并进一步推动国际贸易的不断发展。加拿大政府在本国 GMP 的基础上，也加入了一些国际组织制定的 GMP。其中，部分内容已经进入法律体系，要求企业强制执行。

从 20 世纪 70 年代中期开始，日本按照"日本制药团体联合会"行政公告的相关形式开始推广《药品生产质量管理规范》（以下简称《规范》），80 年代，《规范》正式生效。同时，日本政府还将其列入医药法之中。进行药品的生产鉴定和批准时，从设备及管理两个角度实施严格审查，并在 80 年代末期，由日本中药生药制剂协会颁布了《医疗用中药提取物制剂 GMP 细则》。一年后，在厚生省的认可下，日本相关领域的协会共同发布了《原药 GMP 法》，并在 90 年代初正式开始实施。

我国的 GMP 最早也是在医药企业实施的。1982 年制定了《药品生产管理规范》（试行稿），试行 4 年取得了明显成效。1988 年我国卫生部颁布了《药品生产质量管理规范》，1992 年卫生部颁布了修订后的《药品生产质量管理规范》。1993 年出版 GMP 实施指南，对 GMP 中一些中文，作了比较具体的技术指导。

（二）我国食品生产良好操作规范的现状

20 世纪 90 年代中期，中国建立了《食品企业通用卫生规范》，针对中国的食品生产企业的加工环境进行了一些规定，从而进一步提升了从业人员在食品卫生方面的观念，确保食品和产品的卫生安全能够得到保障。近年来，在食品生产环境及条件不断变化的情况下，在食品加工领域，新的工艺、材料和品种逐渐出现，这也说明了食品生产的技术水平得到了提升。此时，应当注意的是，原有的标准中也有很多内容都无法适应行业的实际需求。在这种情况下，2013 年，我国有关部门修订了新版的《食品生产通用卫生规范》。

早在《食品安全法》颁布之前，原来的卫生部门就按照食品卫生国家标准的方式颁布了约 20 项"卫生规范"和"良好生产规范"。同时，行业主管部门也进一步颁布与制定了一些生产领域和技术操作领域的规范，共计可达 400 项。从 2010 年至今，国家卫生和计划生育委员会在乳制品、粉状婴幼儿配方食品以及特殊医学用途食品行业颁布了生产规范。为了促使行业的法律法规更加严谨，同时在商品接触材料和制品生产领域、食品经营领域颁布了一些生产及卫生方面的规范，将其作为各种食品生产过程管理与具体监督执法工作的相关依据。

（三）GMP 的基本理论

对食品生产的质量保证与制造业管理方面而言，良好的操作规范其实是带有较强专业特性的具体模式。在这种情况下，政府部门按照法规的具体方式针对食品进行了良好操作规范的使用。企业在生产食品的过程中，都应当自觉、主动地使用相关的操作规范。同时，政府部门又针对不同类别的食品制定了相应的 GMP。不同的食品厂商在生产时也会主动遵循 GMP。在食品领域，质量生产管理规范能够针对食品加工的相关原料、加工的环境与设施、技术与人员的管理等制定相应的操作规范，避免食品污染现象的出现，降低事故发生的风险。

编制食品质量安全管理规范时应当关注下列内容：适用范围、引用文件、术语及其定义、选址、厂房和车间环境、设备与卫生管理、食品原料及其相关产品、生产时针对食品进行安全控制与检验、贮藏和运输、召回管理、培训、制度与人员和记录与文件管理等多个方面。

食品质量安全管理中的重点内容在于操作规范的制定与双重检验制度的确立，以保障食品在生产过程中能够具有高度的安全性。同时，还要避免异物、有毒有害物质、微生物污染品等情况的出现。

在食品质量安全管理规范中，最重要也是最基础的就是卫生标准操作程序的制定（SSOP）。早在 20 世纪末期，美国农业部就颁布了相关法规，明确说明肉类和禽类的产品生产加工必须遵循规定。这一规定制定的重要意义在于确保食品生产车间、环境、工作人员以及可能同食品接触的用具等各个方面存在的危害和防治。在制定规范时，应当含有下列几个方面：食品原料和接触设备的卫生、避免交叉污染、生产者和生产环境的卫生、避免外来污染、对于有毒化合物的处理、工作人员的身体状态和对于昆虫、鼠类的消灭与控制。

无论是 GMP 还是 SSOP，都是有关危害分析与关键控制点体系（HACCP）的基础性内容。通过对比，我们能够发现二者具有一定的相似之处。接下来，笔者将对这两方面的内容进行阐述。

（四）推广和实施 GMP 的意义

目前，全球的实践都已经证明了 GMP 的确能够促使食品行业的综合素质得以提升，并保障食品的卫生水平和消费者的权益不受侵害。在《食品安全质量管理规范》中，明确说明了企业应当配备运行状态良好的生产设备、采取科学的生产方式、使用系统完善的检测方式、雇用具有高素质的人才并实施严密的监管体系。在这种情况下，食品企业在进一步推广与实施 GMP 时，应当对落后的生产工艺与相关设备实施改造，并重新培训管理者与领导干部。同时，食品加工在良好生产规范方面也进一步展现了消费者权利保障的相关理念，确保了消费者的权益得到维护。具备明确的 GMP 标志，说明了消费者的认知和选择权利获得了保障。在国际食品贸易的相关工作中，不断推广和实施 GMP 其实是比较重要的。所以，实现 GMP 也是进一步提升食品产品竞争力的重要举措。此外，在政府部门监管食品企业和食品行业中，GMP 可以作为相应的评价与考核体系的监管依据。

（五）GMP 的主要内容

食品的种类很多，情况很复杂，本章主要介绍所有食品企业都应遵照通用的 GB 14881—2013《食品安全国家标准食品生产通用卫生规范》。各类食品企业还应根据实际情况分别执行各自的 GMP，或参照执行相近的 GMP。无论是执行政府还是行业的 GMP，都应当按照实际情况，对其进行不断细化、具体化和数量化，确保可操作性与可考核性能够得到提升。

整体来说，GB 14881 有 14 章的内容，分别是：范围，术语和定义，选址及厂区环境，厂房和车间，设施与设备，卫生管理，食品原料、食品添加剂和食品相关产品，生产过程的食品安全控制，检验，食品的贮存和运输，产品召回管理，培训，管理制度和人员，记录和文件管理。同时，法规中也含有一个附录，即"食品加工过程的微生物监控程序指南"，就食品生产过程中很难把控的微生物感染来说，法规也能够为生产企业提供相应的指导模式。

同之前实施的标准对比来看，新标准含有下列几个方面的转变形式：第一，增强了源头控制的相关力度，针对原料采购、验收、运输和贮存等多个环节食品的相应措施进行了规定；第二，提升了过程控制的力度，针对食品生产与安全控制进行了要求。此外，在控制生物、化学与物理领域都进行了管控。

在管控过程中，能够采用的基本措施有：第一，提升在生物、化学和物理领域的防控手段；第二，针对设计布局、设施配备以及材料和卫生等多个方面提出了要求；第三，对于产品追溯和召回提出了相应的要求；第四，在记录和文件方面提出了有关要求。

1. 选址及厂区环境

对于食品工厂而言，无论是地址的选取还是厂区环境的维护，都会在很大程度上影响食品安全进程。如果厂区周边的环境质量较好，就可以有效地减轻外界污染可能针对食品生产所产生的负面影响。在选取工厂建造地址时，同样应当关注外部环境中的有毒有害因素可能对于食品生产活动所产生的影响。像工业废水、废气、农业投入品和虫害等多种问题都会对食品质量产生重要危害。同时，若工厂周边无法避免上述情况的出现，就应当站在软硬件的角度思考采取什么样的措施。同时，厂区环境含有周边和内部环境两个组成部分，在建设过程中，无论是基础设施的配备还是后续的清洁与维护，都应当进行有效管理，以保障环境能够符合要求，并避免不良影响。

2. 厂房和车间

对于厂房与车间来说，无论是设计还是布局，都应当有利于人员与物料实现有序的流动，确保设备分布的位置能够相对合理，避免交叉污染问题的出现。同时，作为食品企业，无论是原材料入厂还是成品出厂，都应当站在多方面进行综合性的考量，确保工艺、经济和安全等多方面的原则得以实现，进一步降低产品污染发生的可能性。

不同种类的食品厂房和车间在各自的 GMP 中要求也有差别，例如保健食品生产对车间的清洁度、尘埃和总菌数有更严格要求。GB 17405—1998《保健食品良好生产规范》中 5.2.2 中要求厂房与厂房设施必须按照生产工艺和卫生、质量要求，划分洁净级别，原则上分为一般生产区、10 万级区，不同级区对尘埃数、活微生物数及换气次数都有具体要求。厂房的洁净区应当安装好具备过滤装置的空调净化设备。

3. 设施与设备

企业在设施与设备的配备方面是否充足，不但有利于保障企业的正常生产和确保生产效率得以提升，同时也关系到企业的安全性与质量的稳定性。对于设备的选择与正确的安装而言，能够进一步创造卫生、安全的生产环境，避免交叉污染的风险出现，确保食品安全事故得到防范与控制。对于生产过程中可能关系到的各类设施而言，可以划分为供水和排水设施、清洁与消毒设施、废弃物的存放设施、个人卫生设施、通风照明设施与仓储设施、温控设施等；设备包括生产设备、监控设备，以及设备的保养和维修等。

如 DB 31/2017—2013《食品安全地方标准发酵肉制品生产卫生规范》中对设施与设备的规定：供水、排水、清洁消毒、废弃物存放、个人卫生、通风、照明、仓储、温控等设施应符合 GB 14881 的相关规定。

原料处理间应配备空气制冷设施。操作场所在有蒸汽或粉尘产生而有可能污染食品的区域，应有适当的排除、收集或控制装置。

腌制间应配备空气制冷设施及温、湿度监测设施。烟熏间应配备烟熏发生器及空气循环系统。发酵间应配备风干发酵系统设施，或其他温湿度控制及监测设施。发酵及热处理间应配备可控制温度、时间的热处理设施，以及温度、时间监测设施，确保加热时产品中心温度能够达到工艺要求。风干间应配备风干发酵系统设施，或其他温湿度控制及监测设施。后处理间应配备除霉、剔骨、压型等后处理操作设施，以及空气制冷设施。包装间应配备切片机、真空包装机、金属探测仪等设施，以及空气制冷设施，并配备紫外灯或其他空气消毒设施。

原辅料和成品贮存应配备具有冷藏、冷冻、常温仓储设施。仓库和贮存场所应配备温度监测设施，必要时配备湿度监测设施。工器具清洗间应配备工器具清洗用冷、热水源头及清洗、消毒设施。

生产设备、监控设备及其保养和维修应符合 GB 14881 的相关规定。

4. 卫生管理

食品生产企业在开展安全管理的过程中，卫生管理其实是十分重要的一项内容。无论是原料采购还是出厂的管理，卫生管理都与生产全过程有着密切的联系。卫生管理其实包括制度、设施、人员配备、虫害防控、废弃物和工作服等多个方面。举例来说，在虫害控制工作中，食品企业常见的虫害有老鼠、苍蝇和蟑螂等，这些害虫无论是活体，还是碎片或排泄物都很有可能导致食源性疾病的出现。在这种情况下，企业应当专门针对虫害问题建设相应的防控与管理制度。

如 DB 31/2017—2013《食品安全地方标准发酵肉制品生产卫生规范》中对卫生管理规定：卫生管理制度、厂房及设施卫生管理应符合GB 14881 的相关规定。

清洁与消毒要求：清洁与消毒应符合 GB 14881 的相关规定。可以制定出合理高效的清洁和消毒的内部检查制度，保障清洁和消毒的效果能够与食品安全的相关要求符合。同时，应当制订出清洁和消毒等各个领域的专项计划，保障各个区域均能够干净整洁。同时，从事清洁工作的人员其实是非常重要的，应当对其进行职业培训，帮助他们了解到自身工作的重要性。应对清洗和消毒情况进行记录，记录内容包括洗涤剂和消毒剂的品种、作用时间、浓度、对象、温度等。

对于食品加工人员来说，也有其专属的健康管理和卫生方面的要求：对于此类工作人员来说，应当严格遵循 GB 14881 中的规定。工作人员应当身着符合作业区卫生标准的工作服、鞋。对于清洁作业区所应当使用专门的工作服和工作鞋，只能在专门的清洁区使用。同时，能够接触到即食食物的工作人员，操作前双手应经清洗、消毒。

工作服管理：工作服管理应符合 GB 14881 的相关规定。

来访者、虫害控制、废弃物处理：来访者、虫害控制、废弃物处理应符合 GB 14881 的相关规定。

5. 食品原料、食品添加剂和食品相关产品

针对食品的原料、添加剂和产品等相关物料进行采购与使用的过程中，应当确定物料能够保障食品的安全性。对于食品生产者来说，应当充分依据国家法律规定的相应标准进行原料采购，并以本公司的监控重点开展一系列工作以确保物料能够达到标准。对于生产商而言，应当查

验物料的供应企业能否现场生产物料，检查的范围为硬件领域的条件与管理；对于供货商而言，应当查验许可证与物料的合格证明，确保合格后，在验收时再进行审核。生产商在进行物料贮存的过程中，应当按照其本身的特性进行存放，如果物料对于温度和湿度有特殊要求，应当配备专门的设备。同时，贮存物料的仓库应当安排专门的工作人员进行管理，并使用有效的管理措施对其进行管控。对于过期或变质的物料来说，不能用于生产。同时，生产食品时不能将对可能危害人体健康的物质加入其中。

我国制定了《良好农业规范》系列标准，即 GB/T 20014 系列，规定了作物、畜禽、水产生产良好农业规范的基础要求，适用于对作物、畜禽、水产生产良好农业规范基础要求的符合性判定。这为保证食品原料的质量与安全起到管理和指导作用，具有积极的意义。

6. 生产过程的食品安全控制

在生产时，对于食品安全进行控制是确保食品安全性的重点内容。对于企业而言，应当关注生产加工、产品贮存与运输等多个环节中的潜在风险管控。对于企业本身，应当按照实际的生产与经营状况从生物、化学和物理等各方面进行污染管控，保障上述措施具备高度的可行性与有效性。作为企业，应当根据生产的工艺流程开展危害因素的调查与分析，保障生产食品的关键性环节能够在控制之中。在制定控制举措的过程中，应当按照科学的行业经验和专业知识进行风险管控。

为了进一步降低微生物的污染风险，可以借助清洁和消毒措施确保生产环境中的微生物能够受到控制。这样一来，微生物可能会对食品产生的风险能够有所下降。同时，还可以按照原料、产品以及工艺等各方面的特征，进一步选择合理适当的清洁及消毒模式。举例来说，可以思考原料是否需要清洗或解冻，或什么样的原料应当怎样处理等。此外，还可以借助有效的监控措施，确保清洁和消毒模式能够产生良好的效果。

为了进一步防控化学污染，对于可能产生污染的食品原料、可能会使用的化学物质等相关因素开展分析，像重金属、农兽药残留、持续性有机污染物、卫生清洁用化学品等都属于这一范围内。同时，对于产品在加工过程中可能出现的特点进行防控计划与程序的制定。举例来说，可能有清洁消毒剂专人管理、定点放置、标识清晰、记录完备等。

为了进一步防控物理污染，应当关注异物的管理。这里所说的异物包括玻璃、金属、毛发、木屑和塑料等。同时，对于这一问题，应当建立起完善的"防止异物污染"的相关制度，并设置相应的计划与程序，像工作服穿戴、灯具防护、门窗管理等各个方面。

对于食品在加工过程中可能出现的微生物污染，进行监控时的措施可以按照 GB 14881—2013 中的相关要求制定。

在发生食品污染和腐败变质的情况下，微生物可以说是一个重要的诱因。此时，生产商应当按照相应的食品安全法律规范，并根据公司的实际生产状况制定微生物监控指标的相关限值、时点与频次。生产企业不但应当借助清洁和消毒措施控制微生物，还应当通过微生物的检测结果确认目前生产过程中采取的清洁与消毒措施是确实有效的。

在进行微生物监控的过程中，应当针对环境和加工过程中的微生物进行监控。在这一过程中，相关的指标应当以微生物为主体，并辅以致病菌的检测。同时，在检测时，应当对食品接触表面、接触食品的物品表面、空气环境、原料、半成品以及成品进行检测。

总体来说，在采样时，首先要确定一个最低的采样标准。如果已经有相关证据表明可能增加污染的风险，就应当针对上述环节进行清洁和消毒措施的监察。同时，对于采样的数量、频次等各方面的内容进行确定。大致来说，对于环境监控的接触表面一般都用涂抹的方式进行取样，对于空气监控一般都采取沉降的方式进行取样，进行检测的具体方法应当按照指标的不同进行选取。其结果主要是用于判断生产环境中的微生物是否处于可控状态下。同时，对于环境微生物进行监控的限值，应当以微生物控制的相关效果和能够影响食品安全性的具体程度进行确定。一旦出现污染监控超标时，就应当判断清洁和消毒的相关措施的有效性，对于监控的频率和次数也应当适度增加。如果发现致病菌，就应当找出其存在的环节和具体位置，并采取有效方式避免这种情况的再次出现。

7. 检验

所谓检验，就是为了验证食品生产过程中相关措施的有效性，并保障食品安全。借助检验的方法，企业能够对食品安全生产方面的问题有更好的把握，一旦发现问题就能够在第一时间对其进行解决。同时，对于不同种类的样品，企业可以采取内部检验和委托检验机构检验这两种方式。如果生产企业选择了内部检验，就应当配齐检验设备、试剂和标准化的样品，并建立起完善的实验室管理制度。同时，进行检验的工作人员应当具备检验的资质，并使用合规、合理、有效的方式开展工作。此外，进行检验的仪器应当达到一定的精确程度。如果生产企业选择了委托外部机构进行检验，应当选择具有相应资质的检验机构，并对结果进行及时的记录。

8. 食品的贮存和运输

如果不采用合理的方式贮藏食物，很容易导致食物出现腐败，失去营养价值和使用价值。因此，使用科学、合适的贮藏及运输方式是确保食品新鲜、稳定的重要措施。作为生产企业，应当充分了解产品的特性之后，选择卫生、安全的贮藏方式与运输条件，降低食品受到污染的可能性。

9. 产品召回管理

第一时间召回问题食品能够最大限度地减轻产品可能对消费者造成的风险，这也展现了食品的生产和经营人员所肩负的确保食品安全的重要责任。作为生产者，如果发现产品与安全标准不符，就应当在第一时间内停止生产，并召回已经流入市场的产品。同时，还要尽快与经营者进行沟通，告知真实情况，让其停止经营，避免消费者购买到问题食品。对于生产者应告知经营者的信息，可以分为食品批次、数量和通知的具体方式与范围等。在召回后，要在第一时间对其进行无害化处理或销毁。此外，为了确保召回制度能够真正产生效力，生产者应当构建合理的记录与管理制度，将生产环节的各个部分都进行细致的管理，保存消费者的投诉信息和食品危害纠纷信息等可能出现的问题。

10. 培训

为了确保食品安全，最重要的环节其实还在于生产。而在这一过程中，"人"的重要性就凸显出来了。生产者作为食品安全的第一责任人，应当采取有效的手段和科学的分析方法针对生产过程中遇到的食品安全问题进行处理。同时，工作人员队伍的配备也是非常重要的，无论是一线的生产工人还是企业的高层管理人员，都应当接受相关培训。应当注意的是，不同岗位的工作者所接受的培训内容应当是不同的，这也就意味着企业应当对工作人员开展有针对性的培训。举例来说，培训的内容可以有法律规范、生产的技术要求、卫生管理制度以及操作过程的记录规范与方法等。

11. 管理制度和人员

在生产安全食品的过程中，配备适当的管理制度也是非常关键的。食品的生产企业中实行的安全管理制度，应当是贯穿自原材料采购到食品的加工、包装、贮存和运输等多个过程的。再将其进行细致的划分，可以分为食品安全管理制度，设备保养和维修制度，卫生管理制度，从业人员健康管理制度，食品原料、食品添加剂和食品相关产品的采购、验收、运输和贮存管理制度，进货查验记录制度，食品原料仓库管理制度，防止化学污染的管理制度等多个种类。

12. 记录和文件管理

企业应当注重记录与文件管理的相关工作，因为它与食品生产管理的多个方面都有着密切的联系。具体来说，与食品生产、产品质量、贮存与运输等各环节相关的活动都应当在文件中进行明确的说明和记录，而这也是构成整个系统所需要的最基本要素。对于文件的要求，有清晰、易懂、可追溯这三个方面。一旦食品出现问题，就可以立即根据记录采取行动。

（六）饮料工厂 GMP 实例

下文节选了饮料工厂实施 GMP 的部分内容。通过实例可以看出，在进行 GMP 体系的建立和实施中要做到的细节和具体要求。

1. 机器设备 GMP

（1）在进行饮料生产方面的设备设计时，应注意其内部构造应当有利于预防食品危害，并容易拆除，方便清洗、消毒与检查。同时，在使用过程中应当尽量避免润滑油、金属物质、污水等有可能产生污染的相关物质进入食品中。同时，设备的体积和摆放的位置应当易于操作。

在机器能够接触到食品的表面，应当尽量平滑，无凹陷或裂缝。这样一来，食品碎屑、污垢就很难沉积下来，避免微生物的滋生。

对于用来蒸煮、调配或贮存的容器，应当尽量避免出现死角。同时，其设计应当易于清洗、避免污染物的沉积。为了达到这一目的，其设计应当遵循以下几点：第一，上部应该有可拆卸的盖子，盖缘应突出容器边；第二，盖子应当能够分成两半，并且中线处应有向上的凸起，避免水或异物进入；第三，边缘和底部应当都是圆形或弯状的拐角，尽量避免尖角；第四，排水口的设计应当位于容器的最低点。

对于输送带的设计，应当使其能够便于拆卸和清洗。同时，其内表面和外表面应当平滑光亮，无凹陷和裂痕。

对于马达和轴承的设计，应当尽量设置在产品下方。若只能安在上方，则应当在下部设置滴盘，用来盛接可能会滴落的机油，并实现对于设施的防护，避免食品受到污染。

机器整体的设计应当遵循简单、易排水、易保持干燥的原则。

对于贮存、运输和制造系统，在进行设计和制造时最重要的就是要确保其卫生情况能够得到保证。

进行食品制造和处理的过程中，如果不接触食品的相关设备和器具，也应当确保其清洁、干燥。

（2）在食品处理区的设备，应当使用可接触食物的材质，即无毒、无臭、无异味、不吸收、耐腐蚀。同时，能够反复清洗和消毒。如果可能产生接触腐蚀，这种材料也是不应当使用的。

对于直接接触食物的机器表面而言，不能使用木质的材料，若有相应的非污染源的证明才能够使用。

生产设备应当规范排列，以免妨碍正常的生产工作。同时，还要注意各设备的作用能够实现相互配合，减少交叉污染情况的出现。

用来测定、控制或记录的仪器，应当对其进行定期检查，确保功能的正常发挥。

使用机器来导入食品，或通过压缩空气或其他气体清洁接触面或设备时，应对其进行妥善处理，避免产生间接污染。

对于生产饮料的工厂而言，在引进设备时，应当在设计、构造和材料上都遵循以下几条原则：①贮存桶的材质应当选用不锈钢；②除瓶装水工厂以外，调配桶的材质也应当选用不锈钢；③具备充填设备；④具备密封设备；⑤具备适当、高效的管路清洗设备；⑥具备洗涤和消毒容器的设备。

对于生产果蔬汁饮料的厂家，应当根据自身的需求配备以下生产设备。同时，设备的设计、构造以及具体的材质应当符合以不条件：①能够清洗和消毒原料的设备；②具有漂烫、杀青和蒸煮功能的设备；③具有破碎和榨汁功能的设备；④具有精滤功能、离心功能或均质功能的设备；⑤配备瞬间灭菌机或杀菌釜；⑥配备冷却槽；⑦对于瓶装饮料要配备相应的检查设备，如浸水槽和灯光透视检查台等；⑧瓶装饮料应当配备自动充填机和打盖机。

对于生产清凉饮料的工厂而言，应当根据自身的需求配备以下生产设备。同时，设备的设计、构造以及具体的材质应当符合以下条件：①生产碳酸饮料的厂商应当配备碳酸气混合设备；②能够杀灭细菌或有效过滤细菌的设备；③生产碳酸饮料的厂商应当配备冷冻机。

对于生产零售瓶装水的工厂而言，应当根据自身的需求配备以下生产设备。同时，设备的设计、构造以及具体的材质应当符合以下条件：能够杀灭细菌或有效过滤细菌的设备；同时，对于瓶装水的灭菌方式，应当符合 CNS 12700 及 CNS 12582 的有关规定。

2. 检验设备 GMP

在生产过程中，厂商应当具备能够进行日常质检的相关设备，并配备相应的原料、半成品和成品的卫生质量需求。如有内部无法检测的项目，应当委托相应的研究或检验机构进行检验。

在使用原料、半成品和成品的过程中，进行检验时应当配备合适的仪器，具体有以下几种：①化学分析天平；②PH 测定计；③折射糖度计；④保温箱；⑤超过 1500 倍率的显微镜；⑥能够检验微生物的相关设备；⑦能够测定余氯的设备；⑧果蔬汁饮料加工厂应当配备灰化炉；⑨果蔬汁饮料加工厂应当配备离心机；⑩生产金属灌装的果蔬汁饮料的工厂应当配备真空测定器。

此外，生产碳酸饮料的工厂应当配备压力或气体容积测定器；生产果蔬汁饮料的工厂应当配备氨基态氮测定装置；生产瓶装水的工厂应当配备浊度及色度测定设备。

3. 品质管理 GMP

（1）在进行品质管理的相应标准制定时，执行工厂应当制定明确的管控标准，经品牌管控部门主办，获得生产部门的认可后即可实施，能够保障生产出的食品可以食用。

在检查要使用的方式是否是修改过后的简便方法时，应当在一定期限内将其与标准方法进行对照。

在生产过程中，对于具有重要作用的计量器，像温度计、压力计等，应当对其进行定期校正，在执行后做好记录。针对食品安全卫生领域有密切关联的，在加热杀菌后，相应装置中的温度计和压力机每年至少应当校正一次。

进行品质管理时，应当采取合适的统计方法实施处理。

生产商在针对 GMP 制定相应的管理措施时，还要确保内部核查制度的建立，对其进行确定的执行并做好记录。

（2）对原材料进行品质管理时，整体的标准应当进一步制定出详细的原料、包装的品质规格、检验项目、验收标准以及抽样计划等，并按照规划开展工作。

当原材料和包装材料的检验合格之后才能够进厂使用。同时，厂商应当提供相应的证明。

有可能含有农药和重金属毒素的原料应当进一步确认其中的含量与国家标准规定相符合。而判定符合的标准应当是供货商提供的证明或检验机构提供的证明。在检验原料时，应当验证具体的规格依据相应的卫生情况。

一旦原材料通过检验并合格后，就可以进行使用。盛装瓶装水的容器应当经过合理、有效的品质检验。如果有必要，可以在清洗后使用。在包装作业中，如果有散落的空瓶，应当经彻底消毒后再进行使用。

通过验证并证明可以使用的原料，应当遵循"先进先用"的原则。假如原料长期暴露在空气或高温中，在使用前必须经过二次检验以确保其无毒无害。

如果原材料检验不合格并被拒用，应当对其进行标识后再分类贮存。

在贮存食品添加剂时，应当设置专门的柜子，并安排专门的工作人员进行管理。同时领料和有效期也是应当注意的。在使用时，要对其进行专门的记录，并确保使用的剂量符合国家标准。

生产瓶装水工厂的原料水的水质不但应当由主管部门定期检查，同时还应当每天检查原料水中的总细菌数量和一些有害细菌的数量，避免病原菌对人体造成伤害。

在进行生产时，品质管理的过程中，要确保找到饮料加工时所承担重要责任的安全和卫生管理点，并针对检验的项目、标准和具体方法进行确认和执行。

在洗涤原料时，所使用的水应当检查残氯的含量是否充足，并进行记录。

在进行杀青和蒸煮时，对于温度和时间应当按时核查，并进行记录。

在进行调配和混合加工时，应当确保设备的清洁、适用。

对于糖度计、比重计和称量计等量具，在使用之前应当进行校验，确保正常后才能够进行使用。

在生产饮料时，在调配过程中所使用的原汁、糖液、水和其他配料以及食品添加剂，在使用前应当确保在外观和味道上没有异常情况，且其中也不含有任何异物。在使用过程中，要按照配方标明的用量进行合理使用。完成调配后，要针对其外观、味道、糖度和酸度等进行检验。

在生产直接接触食品的冰块时，应确保制冰所使用的水符合饮用水的相关标准，并保证生产环境的卫生。

如果生产用水的水质不佳，则应当在脱氯完成后第一时间对其进行检验，保障其已经去除完全。

如果要经过加热后再行充填，应当确保相应的温度能够符合管制的具体条件。

需要密封的作业应当针对最先制成的成品进行检验，核查其卷封或密封是否保持完好。一旦出现异常，要及时对其进行调整。在生产之后也应当继续进行检查以保障密封的安全性，并对其进行记录。

灭菌作业应当在温度和时间上进行记录，并定时检查其是否符合相应的条件。

在进行加工时的品质管理如果察觉到异常情况，应当找出导致问题的原因并进行调整。

（3）对于成品的品质管理。在进行品质管理的过程中，要针对成品的规格、项目、标准以及抽样检验的具体标准进行管理。

所谓成品检验，也就是要将成品按照工厂所制定出的"品质管制标准书"进行严格检验，可针对抽取的相关样品开展成品检验工作。

①对果蔬汁或碳酸饮料进行检验时，主要应当考虑下列项目：内容量、糖度与酸度、pH 值、灰分、风味、色泽、夹杂物。同时，对于果蔬汁而言，应检查氨基态氮的含量；对于金属管或铝箔包装的产品而言，应当检查其保温效果；对于冷藏品或碳酸饮料而言，应当检查其中的微生物含量。②对瓶装水的成品进行检验时，主要应当考虑以下项目：内容量、pH 值、风味、夹杂物、浑浊程度和色度、微生物细菌总数、各类病原菌的含量。同时，检查的最低标准为每 6000 升检验一次。③对其他饮料成品进行检验时，主要应当考虑以下项目：内容量、pH 值、风味、夹杂物、微生物检验以及以糖度和酸度为代表的重要品质的检验。同时，对于金属罐装或铝箔包装的产品而言，还应当对其进行保温实验。

在生产时，每一批成品中都应当留存一些样品。如果有必要，可以借助样品进行成品的存性实验，罐头保温的实验就是典型代表。对于瓶装水成品而言，进行留样保存时，应当针对微生物的变化进行检验，确定保存程度。

在生产完成后，要对每一批成品都进行品质检验。如果发现不合格的成品，要对其进行处理。

按照目前法律规定的产品卫生标准，成品中是不能含有危害人体健康的物质的。

（4）仓库管理规范和运输管理模式。对于储运作业的要求和卫生管制形式：①在进行贮存与运输时，所使用的途径和成品所处的环境都应当避免阳光的直射。雨淋、温湿度差异较大的变化和撞击等，这也是为了使食品成分、含量、品质和纯度能够保证一致，避免产品劣化的关键性因素。②对于贮存成品的仓库而言，要定期对其进行整理。其中存放的物品不能直接放在地面上。加入产品具有需要低温存放的特性，还应当配备专门的低温贮藏和运输装置。③贮存成品的仓库，应当按照生产日期、产品名称、包装方式和批号进行分配存放，并进行标记与防护，做好记录。④为了保障产品的品质能够在合理的温湿度环境下贮存，应当确保需冷藏产品的存放仓库的温度低于 7℃。⑤对于存放的产品，应当定期查看。如果发现异常情况，要在第一时间进行处理并记录。对于包装受损或放置时间较长的产品，应对其进行重新检查，确保食品没受污染或没有变质。⑥在出货时，要严格按照"先进先出"的原则进行。⑦成品应当在经过品质检验，确保其符合卫生品质标准后才能出货。⑧在运输时，应当注意避免不良的运输环境导致产品品质受损情况的出现。

需要冷藏的瓶装或纸盒装的饮用品，应当在安装冷藏设备的运输车辆上进行运输。如果运输车辆不是箱型卡车，则应当使用帆布和塑胶布进行覆盖，避免产品受到阳光直射或雨淋。对于容易受到损害的瓶装、纸盒装或铝箔包装的成品，应当配备相应的防护措施，以免在运输过程中受到碰撞或挤压使品质受损。此外，用于进货的容器和车辆都应当接受定期检查，避免污染原料、产品或厂区环境。

进行成品贮存和运输时都应当进行记录。对于产品的仓储而言，应当对其进行存量记录。成品出厂过程中要做好出货记录。记录的具体内容应当含有批号、出货时间、地点、数量和对象等详细信息。这样一来，一旦出现问题，就能够在第一时间内对其进行回收。

二 危害分析与关键控制点（HACCP）体系

（一）HACCP 的基本概念

危害分析与关键控制点（HACCP）是一种食品安全保证体系，它的基本内涵为：为了进一步确保食品安全，在针对食品进行生产和加工活动时，对有可能使产品受污染和污染扩大的种种因素进行系统、有效的分析，并制定有效的预防、减轻或消除危害的具体环节（也就是我们所说的"关键控制点"）。在关键控制点处针对带有危害性的因素进行控制，能够及时纠正偏差，并实现控制方法的纠正与补充。目前，危害分析与关键控制点逐渐在世界范围内受到广泛重视，业已成为食品工业领域的一种有效的安全质量保障体系。

HACCP 体系一般由七个基本原理和部分组成：①针对可能产生的危害进行分析；②进一步确定关键控制点的具体位置；③确定关键控制的相关限值；④确定监控方面的具体措施；⑤确定纠正偏差的具体方法；⑥构建审核或验证程序；⑦构建记录保存的相关程序。

（二）HACCP体系的发展及应用

HACCP系统是20世纪60年代由美国皮尔斯柏利公司、美国国家航空航天局和美国陆军Natick研究所共同建立的，主要用于航天食品的质量控制。1971年在美国食品保护会议上首次提出HACCP的概念，随后被FDA采纳并作为低酸性罐头GMP的基本内容。1989年11月，美国食品微生物咨询委员会起草了《用于食品生产的HACCP原理的基本准则》，该准则于1992年以来历经多次修改完善，形成了HACCP的七个基本原理。1993年，CAC的食品卫生分委会制定了《应用HACCP原理的指导准则》，并对HACCP的名词术语、发展HACCP的基本条件、关键控制点判断图的使用等进行了详细规定。

1993年，欧盟通过了《关于食品生产运用HACCP的决议》。1997年颁布了新版的食品法典指南——《HACCP体系及其应用准则》。目前，美国已对肉禽加工业、果汁等食品的加工过程采取强制性HACCP管理。

20世纪90年代，中国逐渐进行了危害分析关键控制点（HACCP系统）的宣传、培训与试点工作，陆续针对乳制品、肉制品、水产品与益生菌类保健品等多种食品进行了试点研究。21世纪初期，中国科技部将《食品企业HACCP实施指南研究》纳入"第十个五年计划"中的重要一环，针对水产品、肉制品、调味品和果蔬汁饮料等食品企业开展了危害分析关键控制点的应用研究，同时根据研究的结果有针对性地提出了实施指南与评价模式。随后，卫生部正式发布了《食品企业HACCP实施指南》。2003年，我国参考其他国家在这一领域通用的准则，在国家层面制定了一个统一完善的标准。并先后在乳制品、速冻食品、肉制品和调味品等多个领域颁布了危害分析关键控制点的应用指南。2002年，国家认证认可监督管理委员会也针对危害分析关键控制点发布了一系列规定和使用指南，这极大地促进了我国食品行业在这一领域的相关工作。同时，在新修订的《食品安全法》中强调了我国鼓励食品生产经营企业进行正式、合理合法的生产规范。HACCP体系的实施是我国食品生产领域的一个重要进步标志，同时也是进一步提升食品安全管理水平的有效途径。

（三）实施 HACCP 体系的意义

国内外的成功经验表明，HACCP 体系对于预防性地保障食品安全具有重要作用。①能够切实地保障食品的安全性不受损害，避免食源性疾病的产生，确保消费者的健康权，进一步提升劳动生产率，推动社会经济的发展。②能够助推食品生产加工企业质量管理水平的不断提升，进一步满足全球食品贸易过程中针对生产质量控制环节的相关要求，保障食品出口工作顺利开展。③能提高食品生产加工企业的质量控制意识，加强自身管理。④在目前我国经济水平仍然较低的情况下，能减少控制食品安全的成本。

（四）HACCP 体系的建立

在食品生产加工企业或餐饮业建立一套完整的 HACCP 系统，通常需要以下 12 个步骤。不同类型的企业由于其产品种类和用途、生产规模等的差异，HACCP 的内容也有所不同，但建立 HACCP 的原则和步骤却是类似的。

1. 组建 HACCP 工作组

组建 HACCP 工作组是制订企业 HACCP 计划的首要步骤，工作组应由生产企业的最高管理者或其代表组织，由生产管理、安全质量控制、设备维护、产品检验等多部门的专业人员组成，主要负责制订HACCP 计划、验证修改 HACCP 计划，并保证 HACCP 计划的实施等。HACCP 作业组应熟悉食品安全相关常识和 HACCP 原理。

2. 描述产品

产品描述的内容应包括其所有主要特性，如成分、理化特性（包括水分活度、pH 值等）、杀菌或抑菌方法、包装方式、贮存条件和期限、销售方式等。对产品的完整描述有助于开展危害分析。

3. 确定产品的预期用途

明确产品的食用方式及食用人群，如产品是即食食品还是先加热后食用食品，消费对象是一般人群还是特殊的人群（如免疫力较低的老年人或儿童），还应考虑产品的食用条件，如是否有可能在大规模集体用餐时食用该食品。

4. 制作产品加工流程图

产品加工流程图是对产品生产加工过程直观、简明和全面地说明。

流程图应包括整个食品加工操作的所有环节，包括从原料及辅料的接收、加工直到成品储藏运输的所有步骤。制订 HACCP 计划时，应按照流程图的各个环节进行危害分析。

5. 现场确认流程图

完成产品加工流程图的制作后，应到现场对所绘制的流程图加以确认和做必要的修改。

6. 危害分析

所谓危害，即意味着在食品中有可能针对人体健康产生损害的生物、化学或物理方面的污染物。同时，危害也可能导致食品污染的出现。危害分析意味着借助资料分析、现场检测及试验室检测等多种途径，针对各类危害进行收集与评估，找出危害产生的原因并确定它可能会对食品安全所产生的影响。在这种情况下，在危害分析关键控制点体系的计划中应当加上解决的过程。构建这一体系时，不但应当找出潜在的危害，同时还要针对危害的具体程度进行评估。主要应考虑以下几点：危害发生的可能性及严重影响健康的危害性的性质和规模；相关微生物的存活和繁殖情况；动植物毒素、化学物质或物理因素在食品中的出现或残留，以及导致这些情况出现的条件；所认定的危害已有哪些控制措施等。

7. 确定关键控制点（CCP）

在食品生产和销售的具体环节中，一旦其中的一个环节有食品污染或变质的可能，就要在第一时间对其进行控制。如果不能对其进行控制，就会在很大程度上影响产品的质量，并威胁到消费者的健康。这里所说的环节也就是关键控制点。即能将危害消除或降低到可接受水平的关键环节。关键控制点的确定取决于产品或生产工艺的性质和复杂性，以及研究的范围等。一种危害可由几个关键控制点来控制，若干种危害也可由一个关键控制点来控制。分析某一环节是否为关键控制点应考虑以下三个方面的因素：①该环节是否有影响其产品安全的危害存在；②在该环节是否可采取控制措施以减小或消除危害；③该环节以后的环节是否有有效的控制措施。

在食品生产加工过程中，有三类关键控制点一般需要纳入分析：

（1）食品原料。将原料的危害控制在最小限度，可减轻生产加工过程中的质量控制负担。尤其是当有以下情况时，可将食品原料作为关键控制点：①食品原料来自严重污染环境/地区，如近海采集的水产品；②食品原料生产供应商未通过 HACCP/A 证；③食品原料本身含有一定量的某些危害成分；④食品加工过程中缺乏有效的消毒灭菌工艺。

（2）生产加工工艺应根据不同的食品及其生产加工工艺与方法，具体确定相应的关键控制点。如热加工能灭活多数致病微生物和造成食品变质的微生物等，所以热加工常是食品生产加工过程的关键控制点。在食品餐饮业和家庭，热加工也常是重要的关键控制点；冷却对热加工后的食品和冷藏食品是关键控制点等。

（3）生产加工环境。生产用水、车间空气、直接接触食品的设备和机器、食品包装材料和容器等有时也可成为某种食品生产加工过程中的关键控制点。

8. 确定关键限值

所谓关键限值意味着在应用具体的控制措施时，对消除或降低危害的相关技术指标进行确定，并进一步区分能够接受的水平与不能接受水平的标准值。关键限值是在多次试验的基础上得出的，达到这一限值即可保证危害的有效控制。在一个具体环节上可能会有多个关键限值，其所采用的指标应能快速测量和观察，如时间、温度、pH 值、水分活性、敏感的感官指标等。

9. 建立监控程序

关键控制点失控将导致临界缺陷，产生危害或不安全因素，故必须建立和实施有效的监控程序，对关键控制点及其关键限值进行定时检测或观察，以评价关键控制点是否处于控制中。由于在线分析不允许试验和分析的时间过长，而监控 CCP 的方法必须能迅速获得试验结果，故通常将物理和化学测量法结合使用，其应用范围包括监测 pH 值、时间、温度、相对湿度、交叉污染的改善措施及特殊食品加工过程等。微生物测定通常需要消耗较长的时间，在 CCP 的监控中具有一定的局限性，但也可用于监控 CCP 是否处于有效控制的随机检查。

10. 确定纠偏措施

在 HACCP 系统中，对每一个关键控制点都应当确定相应的纠偏措施，以便在出现偏离关键限值的现象时及时采取措施。常用的纠偏措施包括改变温度或时间、调整 pH 值、改进加工工艺、后期重新加工等。纠偏措施必须事先明确，采取纠偏措施后必须能证实关键控制点已回到控制中。

11. 建立审核 HACCP 计划正常运转的评价程序

利用各种能检查 HACCP 计划是否按预定程序运行的方法、程序或试验，对其进行审核，包括随机抽样和检验等。验证的频率应足以确认 HACCP 系统的有效运行，验证活动可以包括审核 HACCP 系统及其记录、审核偏差产品的处理、确认关键控制点的控制措施是否有效等。

12. 建立有效记录保存程序

应当构建合理有效的记录与保存程序，确保危害分析关键控制点体系的相关计划能够存档。在存档之后，文件就可以提供关键控制点和在预防或纠正偏差与产品处理等多个方面的记录与文件。在填写记录时，应当确保清晰、明了，以便于能够自查与验证。这一体系的具体文件应当包含：关于产品的详细描述与预期用途说明、关键控制点的生产流程图、关于危害的具体说明和相应的预防手段、有关关键限制的具体细节、监控方法的说明、纠偏的具体方式说明、计划审核程序的说明和记录保存的具体说明。

三　卫生标准操作程序（SSOP）

所谓 SSOP，就是卫生标准操作程序的简称。它意味着食品企业能够进一步满足食品安全的相关要求，在卫生环境与具体的加工过程等各方面所实施的相应的程序。SSOP 是 HACCP 能够得以实施的前提。

20 世纪末，美国频繁暴发食源性疾病，此类疾病每年会感染 700 余万人，导致约 7000 人死亡。从调查数据中能够发现，在这些感染者中，有超过 50% 的患者都与肉类和禽类产品有关。这也使美国农业部对肉类和禽类的生产状况更加重视，决定要建立起含有生产、加工运输以及销售等多个环节在内的肉类及禽类产品的安全生产措施，确保公众的健康能够得到保障。20 世纪 90 年代中期，美国正式颁布了 HACCP 的相关法规，并建立起了卫生标准操作程序，希望能够保障食品的安全生产。但是，在这一规定中，没有针对 SSOP 的相关内容作出具体化的规定。随后，美国 FDA 针对这一体系进行了进一步的完善，明确了

SSOP 中含有的八个层面的技能验证程序，卫生标准操作程序得以正式建立。从此之后，这一程序始终作为 GMP 及 HACCP 的基础进行实施，同时也成为两种体系能够发挥作用的重要保障。

卫生标准操作程序体系的基本内容为：以美国 FDA 的要求为基础，划分为以下 8 个方面。

（1）对于接触食物及食物接触面的水或冰，要保障其安全性。

（2）对于接触食物表面的具体卫生情况与清洁程度要加以重视。

（3）避免食品与不洁物、包装材料、操作者或工具进行接触。同时，高清清洁区和低清洁区的食物要避免产生交叉污染。

（4）要勤洗手、勤消毒，并维护相应的卫生设施。

（5）要确保食品及其包装材料不受润滑剂、杀虫剂、清洁剂、消毒剂、铁锈、涂料等化学或物理产品以及外来杂质的污染。

（6）对于有毒的化学物质，要用专门的标识进行标注，并进行正确使用。

（7）要对工作人员的健康状况进行有效把控。

（8）要及时消灭虫类和鼠类等害虫。

四　ISO9000 质量管理体系

（一）ISO 简介

ISO（International Organization for Standardization）是国际标准化组织的简称。

迄今为止，ISO 仍然是全球规模最大、权威性最强的国际标准化机构。1936 年，来自中、日、英、美、法和苏联等 20 余个国家的超过六十名代表齐聚伦敦，共同商讨并通过了创立决议，ISO 组织由此形成。它的宗旨为"在全世界范围内促进标准化工作及其发展，以便于国际物资交流和服务，并扩大在知识、科学、技术和经济方面的合作"。

"ISO9000"不是指一个标准，而是一族标准的统称。ISO9000 系列标准是在总结各个国家在质量管理与质量保证的成功经验的基础上产生的。它经历了由军用到民用，由行业标准到国家标准，进而发展到国际标准的发展过程。

因经济、技术和管理等多个方面存在发展的不平衡性与文化底蕴的差异，人们针对"质量"的理解可能会有所不同，这也造成了各个国家在质量管理方面标准的差异。从某种程度上来看，不同国家所颁布的标准其实并不利于国际贸易的发展，甚至成了贸易技术壁垒。不同国家、企业之间的技术合作、经验交流和贸易也日益频繁，在这些交流中，对产品质量问题就需要有统一认识，共同的语言和共同遵守的规范，即国际贸易需要遵循世界一致的质量保证标准，以便使区域之间、国家之间、组织之间、人与人之间的贸易与合作具有相互信任的客观基础。

1980 年国际标准化组织组建了 ISO/TC 176 质量管理和质量保证技术委员会。ISO/TC 176 组织了 15 个国家 100 余位质量专家学者，在现代信息论、控制系统论的指导下，在研究英国标准 BS 5750、美国军标 ANSIASQZ 1. 15 和加拿大 CSAZ 2995 等一些国家标准的基础上，综合考虑世界各国的需要和发展的不平衡，历时数年，于 1987 年 3 月正式发布了 ISO9000 系列标准：ISO9000、ISO9001、ISO9002、ISO9003 和 ISO9004。

自国际标准化组织成立以来，在全球范围内颁布的首个标准就是 ISO9000 系列标准。它的颁布，为各个国家和企业之间的交往带来了共同的语言，也构成了统一的认知与共同认可的准则。目前已有 90 多个国家将其直接采用为国家标准，作为开发质量管理和质量保证的依据。

（二）ISO9000 族四个核心标准的作用

2000 版 ISO9000 族标准中的 ISO9000：2000.1 总则中阐述了 ISO9000 族四个核心标准的作用。

ISO9000 的一系列标准为不同种类、不同规模的组织在运行的具体过程中提供了行之有效的质量管理体系，上述标准包含：

①ISO9000 中含有八项基本管理原则、十二项质量管理体系的原理。整体的术语含有十个部分、八十个条款。②ISO9001 中针对质量管理体系的具体要求进行了相关规定，并将其用于证实产品能够满足客户需求，确保客户满意。③ISO9004 针对质量管理体系的有效和高效目标提出了行之有效的措施，希望能够促使组织业绩不断提升。同时，其中也含有质量改进的相应方法。④ISO9011 针对质量审核与环境管理的工作提出相应的指南，希望能够改善上述两种体系在内审与外审两个层面上的管控模式。

以上标准共同构建了一个关系密切的质量管理体系相关标准，目的在于为各国国内和国际之间的贸易提供相互理解、共同认可的规范。

从以上的描述中能够发现，ISO9000 其实是在质量管理体系领域的基础；ISO9001 是针对质量管理体系提出要求的一种规范性文件，希望能够提升顾客的满意程度；ISO9004 是对质量管理体系提出更高要求的一种指导。

（三）ISO9000 标准的特点

①这一标准其实是带有较强的系统性的，它涵盖了非常广泛的内容，并且着重强调了要针对各部门的职权进行合理的划分与协调，确保企业能够有效地进行日常经营活动。②注重管理层的力量，针对管理层提出了质量方针和目标的制定。同时，借助定期的管理与评审实现了解企业内部经营状况的目的，并能够在第一时间采取相应的措施，以保障企业能够处在良好的经营水平中。③注重纠正和预防措施，最大程度上减轻产生不合格的相关因素，避免这种情况的再次发生，实现成本降低、效率提升的目标。④注重审核与监督工作的开展，希望通过这种方式不断提升企业的管理与运作水平。⑤注重针对工作人员的培训，帮助其养成系统的质量观念，促使工作人员的素质不断提升。⑥注重企业的文化建设，保障整体系统运行的规范性与连续性。假如企业能够合理、有效地实施相应的标准，就能够不断提升产品质量、降低成本。同时，客户也能够对公司建立较高的信息，促使企业的竞争力不断提升，最终实现经济效益增长。

（四）ISO9000 的八项质量管理原则

1. 八项质量管理原则

2000 版 ISO9000 族标准中的 ISO9000：2000 正式提出了有关质量的八项原则，明确了 ISO9000 族标准规范的质量管理体系（质量管理体系）的理论基础。ISO9000 标准指出："八项质量管理原则形成了 lSO9000 族质量管理体系标准的基础"；作为质量管理体系基本要求和认证依据的 ISO9001 标准指出："本标准的制定已经考虑了 ISO9000 和 ISO9004 中所阐明的质量管理原则。"因此，组织的最高管理者在应用 ISO9001 建立质量管理体系的时候，应该注意贯彻有关的质量管理原则。八项质量管理原则是：①围绕顾客；②发挥领导作用；③全员参加；④注重过程和方法；⑤制定管理与系统方法；⑥不断更新；⑦以事实为基础进行决策；⑧实现同供方的互惠互利。八项质量管理原则确定了 ISO9000 族标准的理论基础之一，成为贯穿 ISO9000 族标准的灵魂。

2. 对八项质量管理原则的理解

（1）以顾客为关注焦点。

标准原文："组织依存于顾客。因此，组织应理解顾客当前的和未来的需求，满足顾客要求并争取超越顾客期望。"

在开展质量管理工作过程中，"以顾客为中心，关注顾客的需求"是所有原则中最重要的一条。无论是什么样的组织，顾客都是基础性的存在，其需求应当放在第一位。作为组织，应当针对顾客的相关需求进行调查与研究，并将其作为质量方面的要求，通过有效的方式使其能够实现。

巩固老顾客和创造新顾客永远是一个组织的强烈愿望和巨大驱动力。因为是顾客给予了组织一切，没有顾客，组织一天也无法生存，也就根本谈不上发展。那么，组织关注的焦点自然也就是顾客。

如何巩固老顾客和创造新顾客？关键是充分识别和理解顾客现时及未来的需求和期望，测量顾客的满意程度，处理好与顾客的关系，加强与顾客的沟通。这里的难点在于理解顾客未来的需求。为了获得成功，组织应研究并采用新颖有效的方法及时发现和理解顾客新的和潜在的需求。

以顾客为关注焦点不应是空喊，而应由质量管理体系实体予以保证。任何一个组织建立一个体系，首先是为了更好地生存和发展，否则这个体系再好，也是徒劳的，因此八项原则的第一条是以顾客为关注焦点。

（2）领导作用。

标准原文："领导者确立组织统一的宗旨及方向，他们应当创造并保持员工能充分参与实现组织目标的内部环境。"

领导的作用其实并不只是表率作用。作为领导，对于一个企业而言，要做的更多是指引方向、凝聚力量，帮助工作人员塑造良好的工作环境。同时，作为最高管理者，应当制定质量方面的目标，这也能够展现出整个组织的发展方向。作为最高管理者，应当时刻关注周边的国际和国内环境，并随时根据环境的变化调整。同时，应当把制定出的质量方针与具体目标传达给职能部门和员工，督促员工贯彻落实。为确保目标能够得到落实，最高管理者应当为工作人员带来丰富的资源，建立完善、高效的质量管理系统，确保能够影响质量的各个过程都能够得以实现。此外，最高管理者应当针对此类过程进行进一步落实，确保顾客与相关工作者能够更加满意，并保障整个体系具备有效性和适宜性。综上所述，作为公司的最高管理者，应当把控企业未来的发展方向，起到统揽全局的重要作用。

（3）全员参与。

标准原文："各级人员都是组织之本，只有他们的充分参与，才能使他们的才干为组织带来收益。"

在企业发展的过程中，必须秉持"以人为本"的原则。在公司当中，所有的产品与服务都可以说是所有员工的成果。一个组织如果想要取得成功，不但应当有一个优秀的领导，还需要所有工作人员的热情参与。在这种情况下，应当给予各个部门和岗位的人员以应有的职权。确保员工能够在良好的环境下工作，促使其积极性与创造性不断提升。同时，还可以通过各类教育和培训，帮助员工提升个人能力，进一步培养员工的创新精神，为其带来新的发展机遇。毫无疑问，如果能够激发工作人员的工作热情，势必能够形成强大的团队合力，推动公司不断地进步。

（4）过程方法。

标准原文："将活动和相关的资源作为过程进行管理，可以更高效地得到期望的结果。"

结果如何应按过程来确定。所谓过程，就是通过资源将输入进一步转化为输出的相关活动。在组织进行有效运作的过程中，应当针对相互间有共同联系的过程进行识别与管理。尤其是上述过程间存在的相互作用，能够被称为"过程方法"。当人们构建质量管理体系的相关目标时，首先要做的是确认与进一步识别所需要的过程与能够预测的结果。在识别过程与组织过程间存在的接口与联系，能够确保管理工作的职责权限不受损害。同时，无论是识别过程中的内部环境还是外部客户，在进行设计时都应当充分考虑到资源、方法、流程、活动、信息、材料以及其他的各类资源。通过这种方式能够进一步实现资源的利用，确保周期不断下降，通过低成本进一步实现预期效果。

认识过程方法原则，投入优势资源，开展过程活动，测量监控过程结果，使过程始终处于受控状态，使过程不断得到有益的改进，这是控制论在管理过程中的渗透。在21世纪初制定的ISO9000中的一系列标准构建了较为完整的过程。在这个模式中，将资源管理与产品的实现作为相应的改进和分析体系的具体过程，希望能够将二者之间的关系进行揭示。同时，按照客户的要求为主，提供给客户他们所需要的产品，再借助信息的反馈进一步测定满意程度。就农产品加工过程而言，必须对原料选择与采购、加工工艺与设备、产品生产技术与设计、人员资格与技术培训、产品质量检验、包装、贮藏、运输以及管理职能过程进行必要的控制与检验，实现全过程管理，才能获得预期的效果。

（5）管理和系统方法。

标准原文："将相互关联的过程作为系统加以识别、理解和管理，有助于组织提高实现其目标的有效性和效率。"

作为最高管理者，如果想要确保组织能够得到合理的运营，就应当采取系统化和透明化的方式进行管控，这也就意味着应当针对过程网络开展系统管理，不但能够帮助目标得以实现，还可以促使工作效率不断提升。

进行系统的系统化方式含有客户的需求与期望，要借助组织质量目标的制定，确定过程之间的相互作用，并确定相应的职责与资源。在开展有效性的测量方法，并通过这种方式验证过程的有效性，避免不合格现象的出现。同时，一旦发现问题，要进一步寻找改进的机会，确定实施的具体方向和改进措施。通过构建质量管理体系的具体方式，不但能够将其用于新建设的体系之中，还可以将其用于改进现行的体系之上。此类方式不但能够确保过程能力和质量的提升，还可以帮助基础的改进，有助于提升客户的满意程度。

（6）持续改进。

标准原文："持续改进总体业绩应当是组织的一个永恒目标。"

进行质量管理的体系制定时，进行改进意味着确保产品质量、过程和体系能够推动有效性和效率的不断提升，同时也是组织与自身未来不断发展的重要需求。随着社会的发展，生产力以及科技水平都在不断提升，民众对于物质、精神有着更高的追求，市场竞争也变得越来越激烈。在这种情况下，组织应当进一步提升经营策略，面对社会的变化制定相应的目标，进一步提升管理的质量和水平，确保管理水平进一步提升。

持续改进其实是管理的方式，同时也是一个组织的价值观念与行为准则，它能够进一步确保客户的满足，确保效益和生产的有效性得以提升。持续改进含有以下几个方面：了解事物的具体情况、获取相关信息、构建经营目标、寻找解决方式和对结果进行测量、验证与分析。

（7）基于事实的决策方法。

标准原文："有效决策是建立在数据和信息分析的基础上。"

针对数据与信息进行逻辑分析和直觉判断其实是确保有效决策得以实施的重要基础。从数据和信息分析的具体方式来看，能够确保组织决策的有效性得到提升。如果数据与信息能够得到真实的反馈，就能够确保事物发展规律得到保障。在实施数据与信息资料分析时，应当进一步提升统计数据。这里的统计数据的作用就是测量、分析与说明产品和过程的有效性。

这一原则的真正实现，需要组织建立规范的数据信息系统，规范地识别确定数据分析所需要的数据源、数据类、数据容量、数据流向、数据分析方法等。

（8）与供方互利的关系。

标准原文："组织与供方是相互依存的，互利的关系可增强双方创造价值的能力。"

作为供应方，如果能够为客户提供令人满意的产品，就能够针对客户产生重要的影响。在这种情况下，无论是供方，还是协作方与合作方，其实都是一个组织的重要战略合作伙伴。如果能够进一步形成竞争优势，就可以确保成本与资源得到不断优化。在组织中，如果能够具备完善的经营和质量目标，就应当尽快促使供方投入合作之中，确保利益共同体的进一步形成。

在这种情况下，应当对供应方进行进一步的识别和评价，促使供应方与合作伙伴之间能够形成良好的关系，能够同供应方实现技术与资源的共享。同时，进一步提升联系与沟通的强度，并进一步肯定其改进结果。这也能够帮助供应方与需求方创造价值能力的提升和针对市场变化作出反应，进一步实现成本和资源的优化升级。

（五）ISO9000 的 12 项质量管理体系基本原理

1. 12 项质量管理体系基本原理

ISO9000 体系中有十二项具体的质量管理体系，这也形成了体系中的第二章。其中的内容有很多都是围绕八项质量管理原则进行说明的。同时，也有一些内容是针对 ISO9001 与 ISO9004 所作出的理论说明。其中，这十二项质量管理体系的原理有以下几方面：①整体的体系说明；②体系和产品的相关要求；③开展质量管理的基本方式；④具体的过程与方法；⑤体系中规定的质量方针和目标；⑥组织的最高管理人员能够针对质量管理体系所起到的作用；⑦体系中的有关文件；⑧体系的整体评价；⑨持续改进的具体方法；⑩统计方式的具体作用。

此外，还包括质量管理体系与其他体系之间的关注点，和整体体系同优秀模式间存在的关系。

2. 对十二项质量管理体系基本原理的描述

第一项是针对质量管理体系的整体说明（也就是我们所说的原理1）。

质量管理体系所具有的重要目的就是确保客户满意度能够不断提升。

每个客户都希望产品能够促使自身需求和期望获得满足，它们在产品规范中表达出来，同时也能归结为客户的要求。作为顾客，能够按照合同的方式确定自己的希望。此时，客户能够确定产品是否能够被接受。原因在于，客户的需求与期望都在不断地发生变化，这也推动企业必须要时刻更新其产品和服务。

质量管理体系中的方法要求组织能够针对客户的需求进行分析，找出其中的过程，并实现持续性的控制。这一体系能够为组织提供推进改进的框架要求，并促使顾客等各个相关利益方的需求能够获得满足。同时，这一体系也希望组织能够提供满足客户需求的产品。

第二项是针对整个体系和产品的具体要求。

ISO9000 体系中的标准将关于整个体系的标准和关于产品的标准进

行了区分。

ISO9001 中针对质量管理体系的具体要求进行了规定。这一要求其实是普遍适用于各类行业与经济领域，但这一体系本身并不针对产品提出相应的要求。

顾客拥有针对产品提出要求的权利。作为组织，也可以对客户的需求进行预测，或再借助法规的方式进行界定。在一些情况下，有关产品和过程的要求能够按照相应的技术规范、产品标准和协议及法规的要求进行确定。

第三项是针对整个体系中方式的具体描述。

要构建和实施质量管理体系，主要含有下列几个步骤：①了解客户与其他利益相关者的需求；②构建组织的质量方针和具体的目标要求；③进一步确定需要实施组织目标的方式；④确定需要实现目标所必备的资源；⑤在测定不同的过程时，应当对有效性的方法进行规定；⑥应当借助此类测量方法针对过程的效率进行确定；⑦避免不合格情况的因素，并消除导致不合格情况出现的原因；⑧可以构建应用过程，以保证质量管理体系得到不断改进。以上的方法对于保持已有的质量管理体系也同样适用。

如果一个组织能够通过以上方法开展活动，不但能针对经营过程和生产出的产品质量实现信任，确保持续改进措施的实现，也能够进一步提升顾客与其他利益相关者的满意程度。

第四项是质量体系实施的过程和方法。

无论是什么组织活动，都离不开将资源输入转化为输出的过程。

为了确保组织能够持续、高效地运行，应当识别各类有联系的过程，并针对这些过程开展管理。大体来说，输出过程也意味着输入过程。在进行系统识别和管理组织的过程中，尤其是其中存在的相互作用，都可以被称为"过程方法"。

第五项内容在于质量方针与目标的确定。

构建完善的质量方针与目标能够持续性地为组织提供关注的焦点。双方能够针对预期的结果进行确立，同时有助于组织借助各自的资源实现上述结果。质量方针能够有效地建立质量目标，并对其进行评审。质量目标应该具有可测量的特征，并与承诺保持一致性。在实现质量目标的过程中，能够有效帮助产品的质量、有效性与业绩方面均有进步。在这种情况下，如果能够充分信任相关方，也能够产生积极的影响。

第六项在于组织中最高管理者能够针对质量管理体系的整体部分所具备的作用。

作为最高管理者，借助其领导活动能够实现有效员工参与环境。同时，整个体系能够实现在环境中的有效运作。在制定出相应的原则时，最高管理者具备下列作用：①明确组织在质量领域的方针和目标并对其进行保持；②在组织内部，推动方针和目标的实现，确保工作人员的工作热情不断提升；③保障整体的组织能够进一步关注客户的需求；④确保能够建立起相应的过程，以确保客户与其他相关方的要求得以实现；⑤构建、实施和维护一个切实有效的体系，并实现其中的目标；⑥帮助组织获取有效的资源；⑦每隔一段固定的时间，针对质量管理体系进行评价；⑧对于同质量方针和目标有关系的活动而言，可以在其中起到决定性的作用；⑨确保质量管理体系的改进活动得到指导。

第七项在于质量管理体系中的相关文件。

相关文件的价值在于文件具备沟通观念和统一行动的重要作用。具体来说，它表现在：①与客户的要求和质量改进的具体模式相符合；②能够给组织提供合适的培训；③具有重复性与可追溯性；④为组织提供客观的证据；⑤能够针对质量管理体系中的持续适宜性和有效性进行评价；⑥文件形成的过程从本质上讲，其实是增值的过程。

在质量管理体系的整体结构中，应当采取下列种类的文件：①针对组织内部与外部提供有关质量管理体系相关信息的文件，也就是通常所说的质量手册；②进一步表达质量管理体系在针对特定的产品、项目或合同时如何使用，也就是通常所说的质量计划；③进一步阐述质量管理体系中所要求的文件，也就是通常所说的质量规范；④明确说明应当使用什么样的方式，也就是通常所说的质量指南；⑤提供能够确保活动与过程得到一致性实现的文件，其中含有文件程序、作业指导和具体的图样；⑥就已完成的活动及其结果进行客观证据的提供，也就是通常所说的记录。

无论是什么样的组织，在制定文件需求时，其详略程度与所需要的媒体都与以下因素有着密切的联系：像组织的种类、规模、过程和产品的复杂性、客户的要求、应当使用的法律规范、已经证实的工作人员的能力和确保质量管理体系要求能够得到满足的具体程度。

第八项在于针对质量管理体系所作出的具体评价。①质量管理体系过程的评价。针对质量管理体系进行评价时，应当就每一个过程提出下列四个问题：其一针对相应的过程是否已经得到识别和确定？其二职责是否进行过分配？其三程序是否已经得到实施和保持？其四为了实现结果的具体要求，过程的有效性是否得到保障？如果能够对以上四个问题进行综合回答，就能够有效确认评价结果的确定。整体的体系评价可能会涉及不同的范围、含有一些活动。像质量管理体系的相关审核、评审和自我评定都是十分重要的。②质量管理体系审核。对于同质量管理体系相符合要求进行审理时，应当能够发现在评价质量管理体系时所具备的有效性与能够获得识别和改进的具体机会。当第一方在进行审核时，主要是在内部进行的审核，这主要是站在组织的角度开展，也可以作为自我合格得到声明的具体基础。当第二方在进行审核时，主要交由顾客进行。当第三方在进行审核时，应当站在外部的独立审核服务的角度开展。此类组织基本都是已经获得认可，并已经获得质量管理体系的认证。ISO9011 系统为具体的审核工作提供了指导。③质量管理体系评审。作为最高管理者，所具有的一项非常关键的任务就是要针对质量的方针和目标中具有的适宜、充分、有效的特征开展定期和全面的评估。这里所说的评估含有修改质量方针与目标的需求，用来相应需求方和期望值的具体变化。其中的评估含有确定与采取相应的措施。在针对质量管理体系进行评审的过程中，应当将审核的报告同其他的信息源共同作用于审核的过程中。④自我评定。在开展组织的自我评定活动时，其实就是以质量管理体系或其中的优秀模式针对组织活动及其结果所开展的全面的、系统的评估。在进行自我评定时，可以为相关机构提供有关组织业绩与具体的质量管理体系成熟程度的评定。同时，它也有助于针对组织中需要改进的领域进行确认。

第九项是质量管理体系中持续改进的部分。在进行持续改进质量管理体系的过程中，最主要的目标就是进一步增强客户同其他利益相关者的满意程度。在进行改进时，应当包含以下几个方面：①对现状开展分析与评价，进一步判定改进范围；②设置一个具体的改进目标；③为实现这些目标，寻找一个最优的结果；④针对第三步寻找到的解决方式进行评估，作出最优选择；⑤将选定的最好的解决方式付诸行动；⑥进一步测量、验证、分析和评估实施的具体结果，确保之前制定的目标都能够得到满足；⑦把为实现目标所作出的改进纳入具体的文件当中。如果有必要，应当针对结果进行评估，找出改进的具体机会。从这个角度而言，改进其实是带有持续性的活动。无论是客户还是其他相关方的反馈，都能够有助于质量管理体系的评估与审核。

第十项统计技术的作用（原理10）。使用统计技术可帮助组织了解变异，从而有助于组织解决问题并提高有效性和效率。这些技术也有助于更好地利用可获得的数据进行决策。在许多活动的状态和结果中，甚至是在明显的稳定条件下，均可观察到变异。这种变异可通过产品和过程的可测量特性观察到，并且在产品的整个寿命期（从市场调研到顾客服务和最终处置）的各个阶段，均可看到其存在。统计技术可帮助测量、表述、分析、说明这类变异并将其建立模型，甚至在数据相对有限的情况下也可实现。这种数据的统计分析能对更好地理解变异的性质、程度和原因提供帮助。从而有助于解决，甚至防止由变异引起的问题，并促进持续改进。GB/Z 19027 给出了统计技术在质量管理体系中的指南。

第十一项质量管理体系与其他管理体系的关注点（原理11）。质量管理体系是组织的管理体系的一部分，它致力于使与质量目标有关的输出（结果）适当地满足相关方的需求、期望和要求。组织的质量目标与其他目标如与增长、资金、利润、环境及职业健康与安全有关的目标相辅相成。一个组织的管理体系的各个部分，连同质量管理体系可以合成一个整体，从而形成使用共同要素的单独的管理体系。这将有利策划、资源配置、确定互补的目标并评价组织的总体有效性。组织的管理体系可以对照其要求进行评价，也可以对照国际标准如 ISO9001 和 ISO14001 的要求进行审核，其审核可分开进行，也可同时进行。

第十二项质量管理体系与优秀模式之间的关系（原理 12）。ISO9000 族标准提出的质量管理体系方法和组织优秀模式方法是依据共同的原则，它们两者均有：①使组织能够识别它的强项和弱项；②包含对照通用模式进行评价的规定；③为持续改进提供基础；④包含外部承认的规定。ISO9000 族质量管理体系与优秀模式之间的不同在于它们应用范围的不同。ISO9000 族标准为质量管理体系提出了要求，并为业绩改进提供了指南。质量管理体系评价确定这些要求是否满足。优秀模式包含能够对组织业绩比较评价的准则，并能适用于组织的全部活动和所有相关方。优秀模式评价准则提供了一个组织与其他组织的业绩相比较的基础。

五　无公害农产品、绿色食品、有机食品认证

（一）无公害农产品、绿色食品、有机食品认证概述

1. 无公害农产品

无公害农产品是指产地环境、生产过程和产品质量均符合国家有关标准和规范的要求，经认证合格获得认证证书并允许使用无公害农产品标志（见图 3 - 2）的未经加工或者初加工的农产品。无公害农产品生产过程中允许限量、限品种、限时间地使用人工合成的安全的化学农药、兽药、鱼药、肥料、饲料添加剂等。严格来讲，无公害农产品是普通农产品都应当达到的一种基本要求。

图 3 - 2　无公害农产品标志

无公害农产品标志是由农业部和国家认监委联合制定并发布，加施于获得全国统一无公害农产品认证的产品或产品包装上的证明性标识。因此，所有获证产品以"无公害农产品"称谓进入市场流通，均需在产品或产品包装上加贴标志。

2. 绿色产品

绿色产品是指遵循可持续发展原则，按照特定生产方式生产，经专

门机构认定，许可使用绿色食品标志（见图3-3）的，无污染的安全、优质、营养类食品。

图3-3 绿色食品标志

绿色食品分为A级和AA级。AA级绿色食品要求在生产过程中不使用化肥、农药；A级绿色食品可以限量、限品种、限时间使用部分化肥、农药。

绿色食品标志是中国绿色食品发展中心在国家工商行政管理局商标局注册的质量证明商标，用以证明绿色食品无污染、安全、优质的品质特征。它包括绿色食品标志图形、中文"绿色食品"、英文"Green-Food"及中英文与图形组合共4种形式。

3. 有机食品

有机食品是指根据有机农业原则和有机农产品生产方式及标准生产、加工出来的，并通过有机食品认证机构认证的农产品。

有机农业的原则是在农业能量的封闭循环状态下生产，全部过程都利用农业资源，而不是利用农业以外的能源（化肥、农药、生产调节剂和添加剂等）影响和改变农业的能量循环。有机农业生产方式是利用动物、植物、微生物和土壤4种生产因素的有效循环，不打破生物循环链的生产方式。所以有机食品要求生产环境无污染，在原料的生产和加工过程中不使用农药、化肥、生长激素和色素等化学合成物质，不采用基因工程技术，是应用天然物质和环境无害的方式生产、加工形成的环保型安全食品。

我国有机食品认证标志是由农业部设计并注册使用的，该标志是加施于经农业部所属中绿华夏有机食品认证中心认证的产品及其包装上的证明性标识（见图3-4）。

图 3 – 4　有机食品认证标志

（二）无公害农产品、绿色食品和有机食品标准的具体内容

1. 无公害农产品

（1）无公害农产品标准。主要包括无公害农产品行业标准和农产品安全质量国家标准，二者同时颁布。无公害农产品行业标准由农业部制定，是无公害农产品认证的主要依据；农产品安全质量国家标准由国家质量技术监督检验检疫总局制定。

无公害农产品标准以全程质量控制为核心，主要包括产地环境质量标准、生产技术标准和产品标准三个方面，无公害农产品标准主要参考绿色食品标准的框架制定。

（2）无公害农产品的具体要求。无公害农产品种植的基本原则是生产基地必须具备良好的生态环境，也就是要远离有"三废"污染的区域，空气质量良或优，土壤肥沃，疏松通气，即灌溉水、土壤、空气中有害物质的残留应符合国家规定的标准；农药、化肥、植物生长调节剂的使用，必须严格执行国家规定的安全使用标准；产品必须符合国家的食品质量和卫生标准，其生产、加工、包装、贮运、销售等各个环节，应符合《食品安全法》的要求。

2. 绿色食品

首先，绿色食品的具体标准体系也就是在生产绿色食品的过程中所应当遵循，在开展质量认证工作中应当依据的技术性文件。这一体系围绕"由土地到餐桌"展开，将质量控制作为核心内容，按照绿色食品产地的具体标准和相应的技术、产品、包装、贮存、运输等有关标准共同构成。

其次，对于绿色食品的具体要求而言，应当含有以下几点：第一，无论是产品还是原料，其产地都应当符合绿色生态环境的质量标准；第二，在农作物、畜禽、水产等各类食物的加工应当符合绿色食品的具体生产流程；第三，产品应当符合绿色食品的标准；第四，关于产品的包装和贮存应当按照规定进行。

3. 有机食品

当前，我国并没有针对有机食品制定国家层面的标准。在进口产品领域，大多使用进口标准。但目前，国外有很多国家或认证机构，所使用的标准并不都是相同的。举例来说，在 21 世纪初，美国针对本国情况颁布了有机食品的标准；随后，日本颁布了有机食品法；欧盟也针对有机农业制定了修正案和条例。虽然各个国家都有各自的标准，但其中也有相似之处，具体如下：

（1）作为有机食品的生产基地，应当在最多 3 年内都没有使用过国际有关规定中针对有机食品明确提出的禁用物质；

（2）在使用种子之前，不应当对其进行禁用物质处理，也不应当采用转基因的种子或种苗；

（3）作为有机食品的生产基地，应当针对土壤、植被、作物与畜禽等多个方面制订相应的计划；

（4）作为有机食品的生产基地，不应当存在水土流失、风蚀等环境问题；

（5）有机作物在进行收获、清洁、干燥、贮存与运输时应当避免受到污染。

无论是由常规的生产系统还是转向有机生产，大多需要 2－3 年的时间。对于新开的荒地或多年未曾种植作物的土地，也应当经过不少于 1 年的转换期才能够实现认证。

无论是生产还是流通，都应当具备相应的质量管控和跟踪审查的体系机制，并配以一系列的生产与销售记录。

（三）申请与认证

认证机构：在农业部关于农产品质量认证时，无公害的农产品应当作为核心地位存在。同时，针对绿色食品进行认证的相关机构应当归属于农业部在中国配备的绿色食品发展中心；中国有机食品认证中心隶属农业部，受农业部委托，提供有机产品认证和培训服务，但没获得国际有机农业运动联合会认可。

认证程序：凡符合国家规定的无公害农产品、绿色食品和有机食品相关条件的食用农产品和食品，均可申请认证。

六　食品生产许可（QS）

（一）食品生产许可的起源与现状

"QS"是我国食品生产许可最初的标志，"QS"原来由英文的"Quality Safety"的第一个字母组成，2010 年 4 月 22 日修改为"企业食品生产许可"的拼音"Qiyeshipin Shengchanxuke"，2015 年 10 月 1 日起正式启用新版《食品生产许可证》，这也标志着"QS"的提法将逐步消失。

我国的食品生产许可起源于食品质量安全市场准入制度。我国的食品质量安全市场准入制度实现了三步走的战略规划。

第一步，2001 年 9 月至 2002 年 7 月，研究实施阶段。研究建立食品质量安全市场准入制度，同时，对全国米、面、油、酱油、醋五类食品进行调研、检查，全面掌握五类食品的质量和企业状况，为实施这项制度奠定了良好的基础。

第二步，2002 年 8 月至 2003 年 12 月，推行实施阶段。进一步完善法规建设，在制定实施《关于进一步加强食品质量安全监督管理工作的通知》《加强食品质量安全监督管理工作实施意见》和《小麦粉等 5 类食品生产许可证实施细则》等一系列规范性文件的基础上，制定实施《食品生产加工企业质量安全监督管理办法》。全国用一年半的时间，对米、面、油、酱油、醋 5 类食品实施这项制度，完成这五类食品生产企业的审查发证工作。同时，对奶制品、饮料、肉制品、茶叶、调味品五大类食品进行基本条件的专项调查，全面启动对肉制品、乳制品、方便主食品、冷冻饮品、饼干、饮料、调味品、罐头、膨化食品、速冻食品十大类食品实施这项制度。

第三步，自 2004 年 1 月开始，进入全面实施阶段。米、面、油、酱油、醋第一批实施食品质量安全市场准入制度的 5 类食品进入无证查处阶段。2005 年 9 月 1 日后，国家质检总局授权各省级技术监督部门对大米、小麦粉、食用植物油、糖果制品、茶叶、黄酒、酱腌菜、蜜饯、炒货食品、蛋制品、可可制品、焙炒咖啡、水产加工品、淀粉及淀粉制品十四类食品发放食品生产许可证，而酱油、食醋、肉制品、乳制品、方便面、冷冻饮品、饮料、调味品（糖、味精）、罐头、饼干、膨化食品、速冻面米食品、葡萄酒及果酒、啤酒 14 类仍由总局发证。从 2006 年 5 月开始，全国又开展了对 32 种食品的市场准入工作。截止到 2007 年年底我国已对所有二十八大类食品实施了市场准入制度，完成了所有加工食品的全面覆盖。

2009 年，我国《食品安全法》正式出台，按其规定"国家对食品生产经营实行许可制度。从事食品生产、食品流通、餐饮服务，应当依法取得食品生产许可、食品流通许可、餐饮服务许可"。企业未取得食品生产许可，不得从事食品生产活动。2010 年，国家质检总局依据《食品安全法》，先后出台了《关于使用企业食品生产许可证标志有关事项的公告》《食品生产许可管理办法》和《食品生产许可审查通则》（2010 版）等，表明了我国食品生产开始从食品安全市场准入向食品生产许可进行过渡。

2014 年 4 月 24 日，全国人民代表大会常务委员会第十四次会议通过了《食品安全法》的修订，2015 年 10 月 1 日起实施。同时，国家食品药品监督管理总局实施了《食品生产许可管理办法》，申请食品生产许可的食品类别修改为三十一大类：粮食加工品，食用油、油脂及其制品，糖果制品，茶叶及相关制品，酒类，蔬菜制品，水果制品，炒货食品及坚果制品，蛋制品，可可及焙烤咖啡产品，食糖，水产制品，淀粉及淀粉制品，糕点，豆制品，蜂产品，保健食品，特殊医学用途配方食品，婴幼儿配方食品，特殊膳食食品，其他食品等。生产许可证有效期也由原来的 3 年变更为 5 年。

（二）食品生产许可证编号规则

食品生产许可证编号由 SC（"生产"的汉语拼音字母缩写）和 14 位阿拉伯数字组成。数字从左至右依次为：3 位食品类别编码（第 1 位数字：食品、食品添加剂生产许可识别码，其中"1"代表食品，"2"代表食品添加剂；第 2、第 3 位数字：食品、食品添加剂类别编码）、2

位省（自治区、直辖市）代码、2 位市（地）代码、2 位县（区）代码、4 位顺序码、1 位校验码。

（三）食品生产许可对食品生产企业的具体要求

申请食品生产许可，应当符合下列条件：①具有与生产的食品品种、数量相适应的食品原料处理和食品加工、包装、贮存等场所，保持该场所环境整洁，并与有毒、有害场所以及其他污染源保持规定的距离。②具有与生产的食品品种、数量相适应的生产设备或者设施，有相应的消毒、更衣、盥洗、采光、照明、通风、防腐、防尘、防蝇、防鼠、防虫、洗涤以及处理废水、存放垃圾和废弃物的设备或者设施；保健食品生产工艺有原料提取、纯化等前处理工序的，需要具备与生产的品种、数量相适应的原料前处理设备或者设施。③有专职或者兼职的食品安全管理人员和保证食品安全的规章制度。④具有合理的设备布局和工艺流程，防止待加工食品和直接入口食品、原料与成品交叉污染，避免食品接触有毒物、不洁物。⑤法律、法规规定的其他条件。

（四）申请生产许可需提交的材料

申请食品生产许可，应当向申请人所在地县级以上地方食品药品监督管理部门提交下列材料：①食品生产许可申请书；②营业执照复印件；③食品生产加工场所及其周围环境平面图、各功能区间布局平面图、工艺设备布局图和食品生产工艺流程图；④食品生产主要设备、设施清单；⑤进货查验记录、生产过程控制、出厂检验记录、食品安全自查、从业人员健康管理、不安全食品召回、食品安全事故处置等保证食品安全的规章制度。申请人委托他人办理食品生产许可申请的，代理人应当提交授权委托书以及代理人的身份证明文件。

（五）审查工作程序

审查工作程序主要由以下几个部分构成：申请受理，组成审查组，制定审查计划、审核申请资料，实施现场核查，形成初步审查意见和判定结果，与申请人交流沟通，审查组填写审查记录表，判定原则及决定，形成审查结论，报告和通知，意见反馈。

第四章 当前我国食品质量安全监管的成绩及问题

第一节 当前我国食品质量安全监管的成绩

一 我国食品产量、质量和安全水平逐步提高[①]

2016 年，我国在食用农产品和食品市场的供应领域，应当整体确保总体态势的稳定。在质量安全水平方面，要进一步呈现出不断进步的局面，确保民众的饮食安全能够得到进一步保障。

（一）主要食用农产品的生产与市场供应

要确保食品安全，最重要的就是保障粮食安全。2016 年，中国的粮食产量超过 6 亿吨，较上一年度有所减少，但仍然是历史上的第二高产年份。统计结果显示，2016 年，我国夏粮产量约为 14000 万吨，早稻产量近 3300 万吨，秋粮产量近 45000 万吨。较 2015 年略有下降。但 2016 年中国的蔬菜总产量达到了近 8 亿吨，与上一年度相比提升了近 2 个百分点。较粮食产量相比，也超出了 2 亿吨。这也就意味着蔬菜已经取代了粮食，占据了中国首个食用农产品的地位。同时，2016 年，我国肉类的总产量达到 8.5 百万吨，已经能够大体满足国内日益增长的市场需求。其中，猪肉产量 5299 万吨，下降 3.4%；牛肉产量 717 万吨，

---

① 中华人民共和国国务院新闻办公室：《2016 年中国食品安全状况研究报告》，《中国食品安全报》2017 年 12 月 21 日。

增长 2.4%；羊肉产量 459 万吨，增长 4.2%；禽肉产量 1888 万吨，增长 3.4%；禽蛋产量 3095 万吨，增长 3.2%；牛奶产量 3602 万吨，下降 4.1%。全国水产品产量 6901.25 万吨，比 2015 年增长 3.01%。其中，海水产品产量 3490.15 万吨，增长 2.36%；淡水产品产量 3411.11 万吨，增长 3.68%，海水产品与淡水产品的产量比例为 50.6∶49.4，海水产品占水产品中的比重再次超过 50%。主要食用农产品产量的变化，既有自然灾害多发、频发等客观方面的原因，也是产业结构主动调整的结果。

（二）主要食用农产品质量安全

2016 年，国务院农业部门在 31 个省、自治区及直辖市的 150 余个大中型城市，以季度为单位，共组织了四次农产品质量安全方面的例行监测工作。针对 5 个大类、108 个小类产品中的 94 个指标进行了监测。其中，针对 4.5 万个样品进行了抽检，而合格率达到 97%。这一结果较 2015 年的抽检结果略有提升。在所有接受检测的样品中，蔬菜、水果、茶叶以及水产品抽检后的合格率分别是 96.8%、96.2%、99.4%及 95.9%，较 2015 年的监测结果均有明显提升。对于畜禽产品进行抽检的合格率为 99.4%，针对瘦肉精进行抽检时得到的合格率结果为 99.9%，与 2015 年的检测结果相比差异不大。监测的总体合格率实现了近五年来的高位波动。质量安全总体水平呈现波动上升、总体向好的基本态势，但是不同品种农产品的质量安全水平不一。

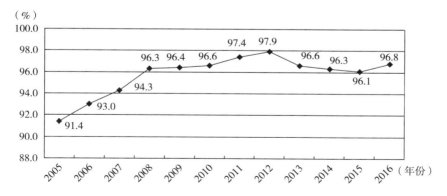

图 4-1 2005—2016 年我国蔬菜检测合格率

（三）食品工业生产

虽然目前我国国内经济下行的压力较大，但在 2016 年度的食品工业领域，我国仍坚持"稳中求进"的整体方针，希望能够实现生产平稳增长、产业规模不断提升、经济效益持续提升的发展局面。无论是在保障民生、拉动消费，还是在提升经济和社会发展水平领域，食品工业都发挥出了支柱性的作用。从调查结果来看，2016 年，我国有超过四万家的规模以上的食品工业企业已经实现了近 12 万亿元的主营业务收入，较上一年度相比提升了 5.4 个百分点。此外，食品工业的增加值还在全国工业的增加值中占据了近 12% 的比重，带动全国工业提升了 0.4%。

（四）主要食品产量与市场供应

2016 年，我国的主要食品基本都实现了产量上的大幅增长，能够满足民众基本需求的粮食、食用油、乳制品及饮料等主要的食品产量也保证了稳定增长的态势。因当前行业结构处于不断调整的过程中，碳酸饮料和卷烟等产品的产量均有所下降。此外，还有一些产品因受到进口产品的大量冲击，产量也有所下滑。尽管主要食品的产量增减不一，但仍然能够确保民众的消费需求得到满足。

（五）食品监督抽检合格率

2016 年，我国食药监管总局面向全国，针对 33 个大类、236 个细类的食品开展了监督抽查的活动，共涉及近 26 万个批次的食品样品，抽检的合格率能够达到 97%，同 2015 年的数据大体相当，较 2014 年而言，也有所提升。从数据中能够发现，我国食品的监督和抽查合格率的总水平在十年间已经提升了近 20 个百分点。自 2010 年至今，我国在食品领域进行监督抽检的合格率始终能够保持在高于 95% 的水平线上。

（六）食品进口贸易

2016 年，在进口食品贸易领域，我国在原有的较高基数的水平线上又实现了新的增长，贸易总额已经超过了 550 亿美元，较 2015 年相比又提升了 1.22 个百分点，实现了历史最高。从 2008 年至今，中国在进口食品的贸易总额方面共增长了 145%，年均增长率也达到了近 12%。中国食品贸易的不断发展，有助于进一步调整国内的食品供求水平，确保食品市场多样性能够得到满足。当前，我国在进口食品方面，

图 4-2 2006—2016 年食品监督抽检合格率变化

整体的品种已经能够达到全品类的覆盖。其中，最为主要的类别就是肉制品、蔬菜、水果、坚果及水产品等。2016 年，上述几项产品的进口量分别占进口贸易总额的 18.51%、15.70% 和 12.78%，总计已经达到了总额的一半左右。2016 年，我国进口食品的主要来源国分别有美国（63.0 亿美元、11.36%）、新西兰（38.8 亿美元、6.99%）、澳大利亚（37.7 亿美元、6.80%）、印度尼西亚（34.8 亿美元、6.27%）、巴西（31.2 亿美元、5.62%）、泰国（28.0 亿美元、5.05%）、法国（27.9 亿美元、5.03%）、加拿大（25.6 亿美元、4.61%），从以上八个国家进口的食品贸易总额为 287.0 亿美元，占所有进口食品额的 51.73%。

2016 年，我国大宗日常消费食品的抽检合格率仍然十分可观。其中，粮食加工品能够达到 98.2%，食用油、油脂等制品能够达到 97.8%，肉、蛋、蔬菜和水果等食用类农产品的合格率可达 98%，肉、蛋、奶制品的合格率也均在 98% 以上。在所有日常消费品中，抽检合格率位居第一的是可可及焙烤咖啡产品，合格率全部达标。

（七）流通与餐饮环节食品安全监督抽检状况

2016 年，我国食药监管总局在流通及餐饮环节中针对 16 余万批次、近 9000 批次的样本进行了抽检，流动环节的合格率为 96.8%，餐饮环节的合格率为 98%。2014—2016 年全国流通环节的食品监督抽检合格率具有一定的波动性，而餐饮环节的食品监督抽检合格率则逐年上升。2016 年抽检数据表明，在针对流通环节的抽检中，超市是样品合格率最高的地方，农贸市场及网购次之。合格率最低的地方是小食杂店及批发市场。但值得注意的是，针对流通环节进行抽检的过程中，网购食糖类样品的不合格率达到14%。

（八）公众食品安全满意度

我国在公众食品安全领域成立的课题组于2012年、2014年、2016年及2017年连续性地针对我国十个省份的固定调查点进行了大样本调查。每次调查时的样本数量均高于4000个。从结果中能够发现，在这四个年度中，公众食品安全满意程度分别为64.26%、52.12%、54.55%以及58.03%。从整体上来看，公众食品安全的满意程度是先下降，随后逐渐回升的状态。之所以会出现这种状况，原因是多方面的，并且较为复杂。但归根到底，最为根本的原因在于重大安全事件的多次发生，以及社会舆论环境和人们非理性的想法等多方面因素的共同作用。

二 进出口食品质量保持高水平[①]

在食品进出口领域，我国始终处于高水平的层面。近年来，食品进出口总额始终呈现上升态势。在这几年，我国在这一领域的特点表现为增速放缓、来源更多、种类丰富、地区集中。

（一）进口食品增速趋缓

在民众生活质量不断提升的今天，民众针对进口食品的需求也呈现上升趋势。在2011年，我国就已经成为全世界进口总量排名第一的市场。从我国质检总局发布的数据来看，2016年，我国的检验检疫进口食品〔其中含有肉类、肉制品（包括脏器）、水产及其制品、蛋类和产品、乳制品、肠衣、大米、花生、食用油、蔬菜及产品、中药材、罐头、食用蛋白及制品、面粉及粮食制品、杂粮、油籽油料类、干坚果、籽仁类、茶叶、咖啡可可原料、饮料、酒类、糖类、蜜饯类、调味品、糕点、燕窝、特殊膳食用食品、保健食品、转基因食品等，但不包括作为食品原料的大豆、小麦等和作为饲料原料的玉米等农产品〕132.4万批（货物批，下同）、3918.8万吨、466.2亿美元，同比分别增长10.4%、-7.8%和1.5%。近五年间，进口食品贸易额年均增长率为

---

① 中华人民共和国质检总局：《2017年中国进口食品质量安全状况白皮书》，中国发展门户网，http://cn.chinagate.cn/reports/2017-07/29/content_41310969_4.htm，2018-07-30.

2.6%（见图 4 - 3）。

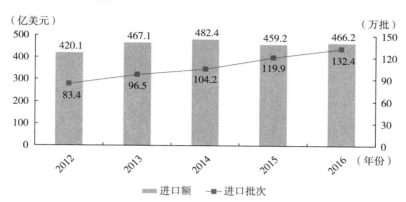

图 4 - 3　中国食品进口额与进口批次

（二）进口食品来源广泛

在这几年，我国在食品进口地方面不断扩展，使进口食品的产地变得更加广阔。2016 年，我国进口食品的来源国数量已经达到 187 个。在这些国家中，进口食品贸易额排名前十的包括欧盟、东盟、美国、加拿大、俄罗斯、韩国等国家和地区，在这十个国家和地区中，进口的食品已经占总额的近 82%。尤其是欧盟与东盟，两者所占的比例相加可超过一半。2017 年，我国在上述国家和地区中进口的食品批次和数量又有了大幅度增长（见图 4 - 4）。

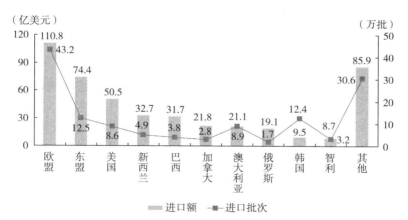

图 4 - 4　2016 年我国食品进口来源地的进口额与进口批次

（三）进口食品种类多样

现在，中国的进口食品已经能够覆盖各个种类。早在2016年，我国在进口食品贸易额中排名前十的分别是：肉类、水产及制品类、油脂及油料类、乳制品类、粮谷及制品类、酒类、糖类、饮料类、干坚果类以及糕点饼干类。这十种食品的贸易额达到433亿美元。在所有的进口食品中，其贸易额占总额的近93％。在这十个种类的食品中，植物油、乳粉、肉类以及水产品等食品的进口量也分别有673万吨、96万吨、460万吨以及388万吨的数额。

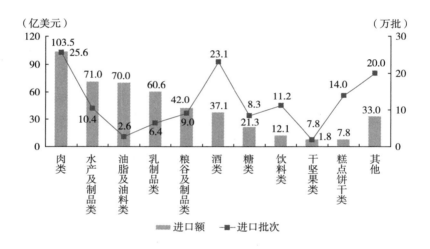

图4-5 2016年我国进口食品种类情况

（四）进口食品口岸集中

在这几年，我国在进口食品贸易过程中，进口口岸基本都设置在沿海的省份。2016年，我国进口贸易排名前十的有广东、上海、天津、山东、辽宁、江苏、福建、浙江等地，进口总额达到近449亿美元，在中国进口食品的贸易总额中占据了96％的比例。

（五）大宗进口产品占国内供应量比重增大

1. 乳制品

在这几年，在进口乳制品领域，我国的贸易额和市场占比在2014年达到最高点，随后仍有所下降。2016年，乳粉（包括乳清粉）的进口量达到 96.5 万吨，其他乳制品的进口量为 101.3 万吨。这一数字在我国国内乳制品供应量中占比 17.1%。我国进口乳制品的来源国家和地区高达 38 个，其中排名前三的分别是欧盟、新西兰以及澳大利亚。

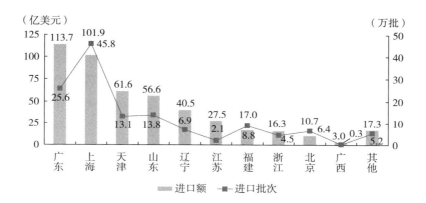

图 4-6　2016 年我国进口食品地区情况

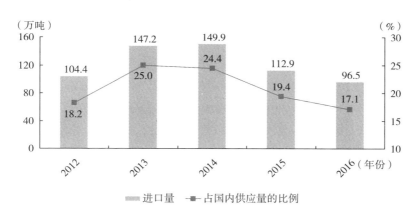

图 4-7　2012—2016 年我国乳粉进口量和占国内供应量的比例

在婴幼儿配方乳粉的进口贸易方面，我国的贸易量仍然呈现快速提升的状态。2016 年，婴幼儿配方乳粉的进口量达到 22 万吨，较上一年度相比提升了 25%。我国婴幼儿配方进口乳粉的来源国家和地区达到 18 个，其中排名前三的分别是欧盟、新西兰与韩国。

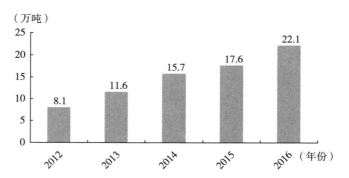

图 4-8　2012—2016 年我国婴幼儿配方乳粉进口量

2. 食用植物油

在这几年，中国在进口食用植物油方面的贸易处在稳定的状态下，食用植物油的进口目前是国内市场比较重要的供应来源。2016 年，我国直接进口的食用植物油成品或原料共计超过 2100 万吨，在国内食用植物油供应量中达到了近 1/3 的比例。我国食用植物油的进口来源国家和地区数量达到 78 个，其中排名前三的有印度尼西亚、马来西亚以及乌克兰。

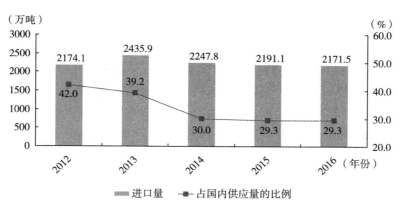

图 4-9　2012—2016 年我国食用植物油进口量和占国内供应量的比例

3. 肉类

在这几年，我国在肉类进口方面的数量保持快速增长的趋势。2016 年，肉类的进口数量达到 460.4 万吨，较 2015 年相比增长了 63%，进口肉类在我国肉类的总供应量中所占的比例为 5%。我国肉类的进口来源国家和地区数量达到 32 个，其中排名前三的有欧盟、巴西以及美国。在所有进口的肉类中，猪肉和猪肉制品所占的比例最大，已经达到271.8 万吨，在我国肉类供应中占比可达近 5%；牛肉和牛肉制品的进口量为近 60 万吨，禽肉和禽肉制品的进口量同牛肉及其制品的进口量相差不大。

图 4 - 10　2012—2016 年我国肉类进口量和占国内供应量的比例

4. 水产品

最近几年来，在进口水产品方面，我国的贸易基本处于比较稳定的状态中。2016 年，我国进口的水产及其制品达到 388 万吨，在国内水产品的供应量中占比 5%。我国水产品的进口来源国家和地区数量达到96 个，其中排名前三的有俄罗斯、美国以及挪威。

三　进口食品质量安全状况稳定

这几年，我国在进口食品的质量安全方面表现为持续的稳定状况，并没有在某一区域、某个行业或系统性的领域产生食品安全问题。口岸检验检疫部门在日常的监管工作中发现，关于食品添加剂、微生物污染以及食品品质等方面的问题还比较严重。

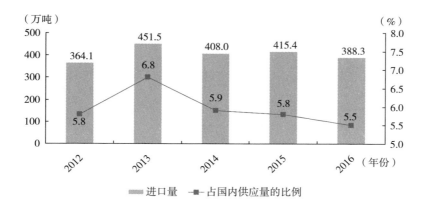

图 4 – 11   2012—2016 年我国水产品进口量和占国内供应量的比例

（一）进口食品安全状况总体稳定

这几年，我国各个出入境检验检疫部门均针对进口食品进行了严格的检验。2016 年，发现了不合格或未经准许即入境的食品超过 3000 个批次，总重量为 3.5 万吨左右，涉及金额可达 5654 万美元。

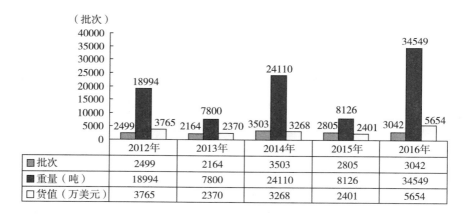

图 4 – 12   2012—2016 年我国未准入境食品批次情况

（二）未准入境食品的主要种类

2016 年，我国未准入境的产品在大多数食品种类中都能够发现，按照批次而言，排名前十的食品品种有饮料类、糕点饼干类、粮谷及制品类、糖类、酒类、乳制品类、茶叶类、肉类、干坚果类和水产及制品类（见图 4 - 13）。同时，在所有进口食品中，未准入境的食品占所有食品批次的 84.1%。

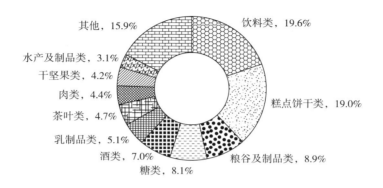

图 4 - 13　2016 年我国未准入境食品种类情况

（三）未准入境食品的主要来源地

2016 年，未准入境食品来自 82 个国家（地区），其中按批次排列前 10 位的来源地分别为：中国台湾、欧盟、东盟、美国、日本、韩国、澳大利亚、俄罗斯、巴西和土耳其，占未准入境食品总批次的 86.4%（见图 4 - 14）。中国台湾、东盟、美国、韩国食品的未准入境原因主要是饮料类和糕点饼干类产品中微生物污染、食品添加剂超范围或超限量

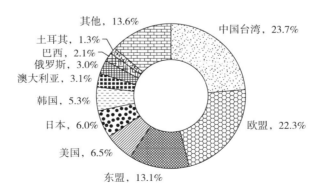

图 4 - 14　2016 年我国未准入境食品来源地情况

使用等；欧盟食品的未准入境原因主要是酒类标签不合格，乳制品类品质不合格等；日本食品的未准入境原因主要是糖类、粮谷及制品类证书不合格等。

（四）未准入境食品的主要原因

2016 年，未准入境食品涉及 15 类不合格项目，其中按批次排列前 10 位的分别为食品添加剂不合格、微生物污染、品质不合格、标签不合格、证书不合格、货证不符、包装不合格、污染物、未获检验检疫准入和转基因成分，占未准入境食品总批次的 98%（见图 4 – 15）。

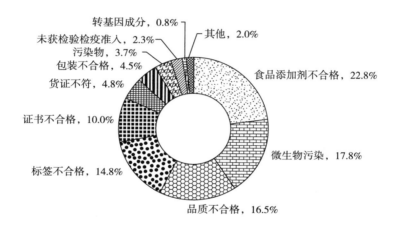

图 4 – 15　2016 年我国未准入境食品不合格原因

安全卫生问题中，食品添加剂不合格、微生物污染较为突出，占未准入境食品总批次的 40.6%；非安全卫生问题中，品质不合格、标签不合格、证书不合格较为突出，占未准入境食品总批次的 41.3%。

（五）大宗进口产品质量安全情况

1. 乳制品

2016 年，各地出入境检验检疫部门从来自 17 个国家（地区）的乳制品中检出未准入境产品共计 154 批、329.3 吨、106.3 万美元，主要为品质不合格、包装不合格、微生物污染、食品添加剂不合格使用等，占未准入境乳制品总批次近 8 成。安全卫生问题中，大肠菌群、霉菌、酵母菌等微生物污染，叶绿素铜、牛磺酸和明胶等食品添加剂超范围或超限量使用等问题较为突出。

2016 年，各地出入境检验检疫部门从来自 5 个国家（地区）的婴幼儿配方乳粉中检出未准入境产品 9 批次、46.6 吨、50.3 万美元。未准入境原因主要是标签不合格、品质不合格、食品添加剂超范围或超限量使用等。

标签不合格，主要是由于涉及乳制品的标签标准法规较为复杂，很多标注内容需要进行详细计算，部分进口商未能按照规定制作。食品添加剂不合格，主要是由于国内外食品添加剂使用要求存在差异，进口商未能准确掌握相关要求，进口超范围或超限量使用食品添加剂的食品。

2. 食用植物油

2016 年，各地出入境检验检疫部门从来自 13 个国家（地区）的食用植物油中检出未准入境产品共计 42 批、2.6 万吨、1532.8 万美元。主要为品质不合格、包装不合格和污染物超标等，占未准入境食用植物油总批次近 8 成。安全卫生问题中，砷、铅、苯并芘等污染物超标问题较为突出。

2016 年，我国在大批量进口食用棕榈油中检出总砷含量超标。砷超标的原因与油料种植过程中的迁移有关，土壤水体中重金属会在油料作物体内累积，并进入食用油中；另外，加工过程中生产设备中的重金属也会迁移进入食用油，导致砷超标。

3. 肉类

2016 年，各地出入境检验检疫部门从来自 16 个国家（地区）的肉类中检出未准入境产品共计 128 批、902.7 吨、161.8 万美元。主要为货证不符、标签不合格和品质不合格等，占未准入境肉类总批次近 9 成。安全卫生问题中，检出氯霉素超标 1 批。

货证不符，主要原因是部分出口国家（地区）主管部门责任意识不强，兽医官在出具卫生证书时未能准确核实证书信息与货物信息的一致性。此外，境外生产企业在装载货物时出现人为失误，混淆货物品名、数量等情况也屡有发生。品质不合格，主要是由于集装箱制冷装置出现异常，导致货物在运输途中出现缓化、变质、有异味的情况。兽药残留，主要是出口国家（地区）主管部门和生产企业未能有效地控制兽药使用。

4. 水产品

2016 年，各地出入境检验检疫部门从来自 27 个国家（地区）的水产品中检出未准入境产品共计 91 批、607.3 吨、164.7 万美元。主要为品质不合格、食品添加剂超范围或超限量使用、污染物超标、微生物污染等，占未准入境水产及制品近 7 成。安全卫生问题中，二氧化硫等食品添加剂超范围或超限量使用，镉、汞、铅等污染物，大肠菌群等微生物污染问题较为突出。

食品添加剂不合格，主要原因是部分境外生产企业为保持产品的外观和新鲜程度，超范围或超限量使用食品添加剂，特别是使用二氧化硫。污染物超标，主要是随着全球范围内的工业化，海洋水域污染加剧。

四　我国进口食品安全监管主要制度

经过多年努力，质检总局按照"预防在先、风险管理、全程管控、国际共治"的原则，建立了符合国际惯例、覆盖"进口前、进口时、进口后"各个环节的进口食品安全"全过程"治理体系，有力地保障了进口食品安全。

（一）进口前严格准入

按照国际通行做法，通过将监管延伸到境外源头，向出口方政府和生产企业传导和配置进口食品安全责任，以实现全程监管，从根本上保障进口食品安全。一是设立输华食品国家（地区）食品安全管理体系审查制度。对输华食品国家（地区）食品安全管理体系进行评估和审查，符合我国规定要求的，其产品准许进口。2016 年，共对 40 个国家（地区）的 27 种食品进行了管理体系评估，公开发布"符合评估审查要求及有传统贸易的国家或地区输华食品目录"，对 178 个国家（地区）8 大类 2186 种进口食品实现动态管理。二是设立输华食品随附官方证书制度。要求出口方政府按照与进口方政府共同确定的食品安全要求，对每批输华食品实施检验监管，并出具官方证明文件，使出口方政府对每批输华食品质量安全情况进行"背书"。2016 年，与 84 个国家（地区）确认了输华水产品卫生证书样本，明确输华肠衣等卫生证书要求。三是设立输华食品生产企业注册管理制度。对境外输华食品生产加工企业质量控制体系进行评估和审查，符合我国规定要求的，准予注册。截至 2016 年，累计注册 89 个国家（地区）的 16033 家境外生产企业。最后，是要建立起严格的进出口商备案制度。具体来说，就是针对境外出口和境内进口的商家进行备案制度，确保主体责任得到进一步落实。到 2016 年，已经获得备案的出口商数量已经达到了近 13 万家，进口商数量超过了 3 万家。其中，进口商与出口商的相关备案信息均会在系统中进行公开发布。此外，还应当针对进口的动植物源性食品开展检疫和审批，这也是按照法律规定进行进口活动的重要环节。到 2016 年，质检总局针对共计 291 种的进境动植物源性食品检疫权进行下放，完成审批的时间也从 20 个工作日进一步缩短为不到 5 个工作日。在未来，我国计划构建以下三种制度：输华食品进口商对境外食品生产企业审核制度、输华食品境外预先检验制度和进口食品优良进口商认证制度。

（二）进口时严格检验检疫

构建科学、严谨的进口食品安全检验制度，确保监管的职能得到真正落实，确保相关部门的监管职责得到进一步落实，最大限度地避免风险流入境内。

首先，应构建起严格的输华食品口岸检验检疫的管理制度，就进口食品开展口岸的严格管控，准许进口符合国家标准和法律要求的产品；对于不符合要求的，应当进行整改、退运或是销毁。在国家质检总局的网站上，应当对于准入的食品信息进行详细披露。2016 年，我国针对 175 种进口食品、270 余个检验项目开展监督抽检，共抽到样品近 14 万个。针对进口乳基婴幼儿的配方食品、食用植物油等重点产品开展专项的监督和抽查。

其次，应构建起对于进口食品的安全风险监测制度。对于这些食品，应当采取系统和持续性的方式开展有害因素的监测，并对其进行分析和处理，确保食品安全风险能够在第一时间被发现。2016 年，我国针对 20 种进口食品，70 余个检验项目实施了风险监测。

再次，设置输华食品检验检疫的风险预警工作与快速反应制度。应当重视这一工作，一旦发现问题，应当在第一时间进行警示，并及时采取控制措施。2016 年，我国发布了 51 份风险警示通报。

最后，应针对输华食品的进境检验检疫指定口岸的相关管理制度。

按照有关法律法规，针对肉类和水产品等存在特殊存储要求的产品而言，应当针对有关的检验检疫内容进行认真审查，只有达成条件，才能入境。到 2016 年年底，我国已经建成 11 个肉类的制定口岸、56 个肉类查验场、62 个进口冰鲜水产品的指定口岸。同时，又设立了进口商随附合格证明的有关制度，并对其进行完善和发展。

（三）进口后严格后续监管

借助针对相关方的责任开展合理的配置，能够实现进口食品追溯体系的进一步完善和质量安全责任追究体系的不断发展。

首先，应当构建起进口国家和地区的生产企业开展食品安全管理系统的回顾检查体系。针对已经获取入境许可的食品安全管理体系而言，应当按照我国的相关要求开展进一步检查。2016 年，我国针对来自 19 个国家和地区的 21 种食品开展了回顾性检查活动。

其次，要构建输华食品的进口以及销售方面的记录制度。目前我国针对进口商进一步构建食品进口的输入和销售记录，进一步完善食品追溯系统，并在第一时间召回不合格的进口食品。

再次，要构建输华食品的进口商、出口商与生产企业的不良记录制度，并提升了处罚违规企业的相关力度。2016 年，我国把已经出现不良记录的进口食品企业一并列入风险预警之中，并通过网站的形式进行了公布。

最后，针对进口商或代理商设立约谈制度。如果企业曾发生过重大安全事故或违法违规的行为，就应当对企业的法人代表或负责人进行约谈，促使其进一步履行食品安全领域的主体责任。

此外，要设置进口食品的召回制度。无论是进口商还是代理商，都应当按照风险的实际情况，针对产品或批次进行召回，以便于能够将风险降至最低。

五　我国进口食品安全国际合作情况

食品安全是我国面临的最大问题，也是全世界所面临的重要问题。在这种情况下，应当加强不同国家或地区之间的合作，进一步建立起全球的共治格局，才能真正保障食品供应链的安全。

首先，要提升同不同国际组织间的合作模式。从 2005 年至今，质检总局不但组织了亚太经合组织的食品安全合作论坛，同时还加入了WTO、CAC、OIE 等各类国际组织活动，确保我国在全球的食品安全领域存在话语权，加强多边合作工作。

其次，要提升同政府间的合作模式。2016 年，质检总局同国际上的主要贸易伙伴签署了 24 个关于食品安全领域的合作协议，促进并解决输华食品的检疫问题。这样一来，我国的食品安全就能够从根本上获得保障。同时，也能够形成进口方和出口方之间相互合作的机制体系。

最后，加强政企之间的合作。大力支持"走出去"发展战略，优化"走出去"战略相关产品准入程序，简化启动检验检疫准入工作条件，推动解决我国"走出去"企业农产品返销难题，做好食品企业的服务者，让更多优秀的企业走出去，更多优质的食品输进来，促进全球食品贸易发展。

第二节　当前我国食品质量安全监管实践中存在的问题

一　重大食品安全事件不断发生，社会对政府监管公信力下降

虽然目前我国的食品安全水平已经大有提升。然而，在这些年，食品安全事故也在不断发生。有关机构的统计结果显示，在这五年，影响较大的食品安全事件超过了 450 起，导致民众对食品工业产生不信任感。

但更令人感到心惊的是，当政府构建"放心""绿色""有机"以及"无公害"食品等产业时，市面上还有很多"有毒食品"流入人们的家庭、被人们所食用，这实在是令人触目惊心。当"瘦肉精"事件的影响还没有完全消散时，"染色馒头""回炉面包""毒豆芽"等事件又被曝光。食品安全问题与我们每个人的利益都息息相关，负面信息却时有出现，并在社会范围内产生比较恶劣的影响。我们不禁要问，导致此类问题出现的根源是什么，食品市场与整个食品工业体系又是如何受到冲击的？

二　缺乏统一的权威领导机构，多头监管难成合力

（一）在纵向配置上，有垂直管理、半垂直管理和分级管理

所谓垂直管理部门，就是国家质监总局直属下的进出口检疫机构和海关。此类工作人员的编制以及机构的经费都是由财政部进行统一管理的。

半垂直管理的模式在工商、质检及药监部门普遍适用。上述部门都是在 20 世纪末就开始推行垂直管理的模式，低于省级的机构不再对政府负责。同时，人事、财务和资产管理等各方面的业务都归属于省级机构直接管辖，中央机构对省级的机构实施业务指导和管理。

对于农业、公安、环保、卫生和商务等部门而言，还在沿用属地管理的方式，将中央部门针对地方各级的相应部门开展业务指导和具体的管理。同样，在人事、财务和资产方面归属当地政府进行管理。

无论是工商、质量监督还是药品监督系统，在省级以下的垂直管理也并不完整。除了省级的行政区之外，还有 15 个副省级的城市在推行属地管理模式。所谓属地管理模式，就是在各级食品监管机构中，省级机构不能直接干预副省级的机构进行事务管理，但可以通过业务指导的方式开展工作。此时，垂直监管的效用自然会受到限制。在将质监系统作为案例来看，推行省级以下的垂直管理模式能够进一步推动食品安全监管工作的进行。这具体表现在：首先，工作人员的能力能够有效提升。省级质监局拥有了人事管理的权力，可以以本部门工作的实际需求进行人员招募，这也极大地改善了之前地方政府会随意安排工作的情况。其次，省级以下的机构推行垂直管理之后，各个级别的质量监督机构的经费也交由省级的财政部门进行统一支付，不再依靠政府部门支付工资，这也能够最大程度地避免地方保护主义对监管工作进行的干扰。最后，在省级行政区当中，质量监管部门可以采取统一的政策，通过联合行动的方式对食品生产加工的相关行为实施打击。

虽然半垂直监管机制具有一定的优势，但这种管理模式同样存在一些问题，具体表现在：第一，省级以下的质监部门一旦不再由地方政府所管理，在工作上想要获取其支持同样存在较大的难度。在食品安全监管领域，其强制力源于法律执行的威慑力。为了推行强制执行，应当由

法院和公安部门进行统一配合开展工作。如果监管行为的规模较大，政府部门还需要颁布一些声明或公文来支持其工作。在这种情况下，质监部门应以当地政府部门的工作为中心，开展相应的服务，以换取地方政府的支持。第二，通过推行垂直管理的模式，在人事和财务管理方面往往会存在不配套的现象，不利于监管职能的发挥。从经费的来源而言，推行垂直管理之后，工作人员的薪酬和相应的福利是从省级的财政部门获取，而政府部门也只能按照社会平均水平为其提供工资。在一些经济发达的地区，实行垂直管理部门的工资较其他部门而言并不高，因此往往会出现工资低的情况。机构的基本运行都难以为继，更不要说工作人员的工资了。举例来说，在陕西省，对于一些经济不是十分发达的市级和县级政府部门而言，垂直管理的模式是比较受欢迎的。因为这一体制能够确保基本经费和工资受到保障。目前，省级财政部门针对垂直管理部门所要承担的一些经费，往往会通过两条线的方式进行管理。市级和县级的监管机构往往会将罚款所得上缴给省级的财政部门，而省级的财政部门又会按照一定比例返还给基层机构。在这种工作模式下，监管机构为了获得足够的经费，就必须在罚款和收费上花很多心思，这样一来，对于食品安全的日常管理工作就会有所松懈，不利于安全管理工作的正常进行。第三，当前推行的监管体制所覆盖的网络仍然是不健全的。在食品安全监管工作涉及的各项机构之中，药品监管、质量监管、商务部及卫生部并没有在乡镇地区设立机构，这也就意味着食品安全事故多发的农村地区没有得到有效的管控。2011 年 10 月，国务院颁布了一项通知，将工商和质监部门在省级以下的垂直管理模式进一步变为由地方政府进行管控的分级管理体制。然而，这一通知在大多数地区都并未得到真正落实。

（二）食品安全监管职能的横向配置

目前，我国政府部门推行的食品安全监管体制与多个部门都有着密切的联系。在这些政府部门中，有 5 个主要的机构，它们涵盖了食品生产、供应到运输的各个环节，逐渐构成了"铁路警察、各管一段"的局面。对于食品安全监管工作来说，如果想要真正地推行相关政策，就应当各部门间的横向管理机制进行协调。具体来说，各机构之间存在的横向协调问题表现在国家及省级两个方面。由中国食品安全监管的整体结构而言,不同的监管机构进行的横向协调工作基本都是药监局应当承担的工作。但是,站在行政级别的角度而言,我国食药监管总局隶属于国务院管理下,但不是国务院的一部分。因我国长期以来政治文化与管理结构的制约,监管机构很难发挥真正的作用。此外,在省级、自治区和直辖市质检进行横向协调工作时,同样面临着很多困难。在各个省级地区进行协调的过程中,同样与不同部门间的利益分配有着密切的联系。目前,食品供应链大多已经突破了省、区、市的界限,因此进行各省、区、市之间的合作也是十分关键的环节。目前,存在的问题可以概括为:食品安全监管的机制被进行了条块分割,这一缺陷并不利于监管职能的真正发挥。

在食品安全监管领域,由于各个职能存在横向配置的特点,因此也产生了"木桶效应"。在横向分工构成的分段管理模式中,不同环节间的联系并不坚固。如果其中某个环节产生漏洞,就会导致整体食品安全控制的水平下降,"木桶效应"也因此形成。在横向监管的过程中,因职能分配的部门较为烦琐,监管的流程就会增加,最后产生效率低下的结果。研究人员曾经进行过计算。当开展某项工作时,若需要开展五个环节,每一个环节都需要达到90%的完成程度,那么最终的结果就是5个90%的乘积,即只有59分,这并没有达到及格的水平。在我国的政府职能体系中,若按照不同的分段职能进行监管,则要划分出农业、质检、工商、卫生等各个环节。若每个部门的成绩都不能达到90分,那么结果显然也无法尽如人意。

分段监管在一些食品监管责任不清的情况下,造成有利抢着管、无利都不管的局面。

【案例回放】4个"大盖帽"为何管不了一棵豆芽菜?

2011年4月,在辽宁省沈阳市曝光的"毒豆芽"事件引发了媒体的高度关注。记者在进行实地调查时发现,在关于"豆芽"的监管中,工商、质监、农委以及公安四个部门均有所涉及。但在真正监管的过程中,却发现各项事务并没有得到妥善的监管。

2011年4月8日,有群众将"沈阳市和平区浑南堡乡某村销售有毒豆芽"一案举报到沈阳市公安局皇姑分局,公安部门随即针对此事展开了调查。相关部门检测后发现,当地销售的豆芽中含有亚硝酸钠、尿素和恩诺沙星等物质。亚硝酸钠是致癌的物质，恩诺沙星是兽药，人食用的食物中是禁止添加的。在调查过程中，警方查获了 40 吨毒豆芽，刑事拘留了 12 名有关人员。

在发现毒豆芽一事之后，沈阳市各监管部门都认为这一事件不应当归本部门管。针对这一事件，沈阳市打假办与公安、工商、质检和农委等多个部门共同召开专题研究会议。

在调查分析后能够发现，目前中国食品安全监管体系其实是在过去的计划经济阶段进行"行业管理"的基础上，进一步构建"监管型"的政策。然而，这一体系其实并不完善。此类问题进行归纳之后能够发现：首先，在横向职能的分配模式中，食品安全监管的职责与权限很难确定，不同部门间的职能并没有与食物供应链的特点相匹配。同时，横向监管目前缺乏力度，成本也比较高，对于资源来说造成了一定程度的浪费。不同部门之间进行食品安全监管的政策力度有所不同。其次，在纵向职能的执行系统中，中央、省级、县级等政府部门不但存在垂直管理的模式，同时也有半垂直管理和属地管理的模式。这几种政策的执行力度没有得到统一。最后，在农村地区，食品安全监管力度有很大不足，很容易产生监管政策方面的真空和死角。同时，农村地区的消费者不具备较高的辨别真伪的能力，自我保护能力与经济购买力也有所不足，因此往往会受到食品安全的威胁。

【案例回放】"红心鸭蛋"暴露监管体制弊病

案例基本情况：2006 年 11 月，来自河北省一个禽蛋加工厂的"红心鸭蛋"被相关部门检测出苏丹红Ⅳ号。随后，北京有六个品牌的咸鸭蛋都被检测出含有苏丹红，大连等其他地区也发现了一些含有苏丹红的鸭蛋。记者在调查后发现，这些鸭蛋基本都是河北省部分养鸭户出产的。这些养殖户为了生产红心鸭蛋，将苏丹红添加到鸭子的饲料中。这一问题已经曝光，引起了农委、工商、质监和卫生等多个部门的重视，因为问题已经涉及了初级农产品的生产、鸭蛋的交易、加工与销售等多个环节。在得知案情后，各部门均安排人手针对各自分管环节的鸭蛋进行检测，每个部门检测的样品都超过了 1000 份。原本，只需要在养殖这一环节进行把关即可，但问题发生后却变为多个部门进行的重复抽检。这种做法不但增加了人力成本，也促使物力成本有所提升。

（三）监管部门的失职渎职行为和腐败行为降低了监管力度

部分地区的官员因不具备合理的发展观念，忽视了全局性和可持续发展的要求，只关注眼前和局部的利益。每当重大食品安全事件发生后，地方保护主义都会显现出来。同时，在行政执法的相关活动中，因自由裁量过大，使失职渎职和腐败现象时有出现。2004年，阜阳曝光的假奶粉中，有很多都是有品牌和生产地址的厂家。而工商部门在案件即将曝光时，还企图隐瞒事件真相，由此产生了十分严重的后果。2008年，"三聚氰胺"导致的奶制品中毒事件发生后，石家庄的市委和市政府在收到食物中毒的汇报结果后，也企图隐瞒，使案情扩大。在金华火腿中含有敌敌畏一案中，根据相关人士的透露，在之前的检查中就已经发现了使用违规药物，但这一问题始终在拖延，没能得到解决。部分政府工作人员在此类问题上一直不作为，企图用消费者利益换取品牌的口碑。

（四）食品安全监管资源严重不足

站在整体的角度而言，中国在食品安全监管领域的相关机构并没有获取到充足的资源，在能力建设方面，与市场的实际需求情况不符。同时，人力、设备和经费都不足以满足工作需要。对于检测实验机构而言，常出现检测过程中的"不出、不全、不快和不准"的弊端，导致检测的能力有所下降。在当前的社会环境中，食品安全监管工作已经是一场"化学战"。当前，人们已经发现的化学物质有40万种，如果检验机构想要测验出食品中所有的非法添加的成分，显然是不可能的。无论是"苏丹红"案还是"三聚氰胺"案，都是国际检验机构先发现的问题，经国内媒体报道之后才引起了相关部门的重视。这也说明了当前我国国内的相关工作基本都是先暴露问题再进行治理的。而由于大多数行政人员都没有接受过系统的培训，在进行日常检查工作时也只是通过一些观察表象的方法，在控制食品安全方面只是借助终端检测，而不是过程预防的方式。对于国内数量庞大的经销商而言，监管人员的数量显然是不够的。工作人员曾向媒体反映过，我国在食品监管领域设立了1200家机构，但监管的对象却超过了40万，而这还只是有备案的正式企业，小作坊、小厂家并没有算在其中。

（五）食品安全监管主体中缺少社会力量参与

监管工作的正当和正确大多源于监管决策是否专业和科学。但是，监管机构本身也扮演着经济人的角色，其利益可能不同于社会利益，甚至还会背离社会利益。作为监管机构，其自身所具有的资源和能力会受到一定的限制。在这种情况下，当注重监管机构独立性的过程中，还应当注重决策过程的民主性特点，这也能够有效地弥补监管机构在实际工作中可能会产生的缺乏正确性的弊端。在进行监管时，过程的民主性是需要透明度的。通常而言，应当借助一定形式的公众参与形式，这也是宪法的基本权利及民主原则的相关要求。在公众参与的过程中，监管机构应当在政策制定与执行的环节中，保障利益主体都能发声，其意见应当经过监管部门的充分考量之后再进行决策。这样一来，监管工作就能够在全面、客观、公正的基础上进行决策，避免失误现象的出现。

从以上几方面的分析能够发现，当前中国现行的食品安全管理体制还较为复杂，监管职能在进行横向配置的过程中，在不同部门间应当遵循"以分段监管为主体，以品种监管为辅助"的分工原则；在进行纵向配置时，相关的职责应当交由中央、省级和市县的政府一同承担责任。在中央级别，设置了卫生部、国家食药监管总局、国家质检总局、工商总局以及农业部和商务部等各部门；在地方级别，食品安全监管的相关工作都交由地方政府负责，中央则对地方予以指导。这种模式中有以下一些缺陷：首先，很可能造成监管资源浪费，导致成本升高。各部门之间的职责其实都是独立的，并且具有自己专门的规章制度及执法人员，这也使资源被浪费；其次，各部门之间进行协调的工作有所不足，职责难以厘清，导致监管工作存在重复和盲区；最后，各监管部门的主体大多是政府部门，而非政府组织、传媒、行业协会与消费者协会进行共同监管的工作模式并没有形成。

三　食品生产领域假冒伪劣问题突出，监管打击力度不够

在科技不断发展的今天，国际化和全球化趋势的不断加强使食品安全问题会对人类社会造成越来越大的危害，食品安全问题已经受到全社会的重视。在我国，每年都会有数千人因不洁食品感染各类食源性疾病，人们的身体健康遭到了严重的打击，社会生产效率也受到了遏制。当前，国际上有很多人都已经关注到食品安全问题会对经济与社会发展产生的重要影响。

经过一些国际机构统计之后发现，21 世纪初期至今，全球各大洲均暴发了食源性疾病。全球有 70 亿人口，已经有超过 20 亿人曾经或正在遭受食源性疾病的威胁。无论是在发达国家，还是发展中国家，食品安全问题都在给人的身体健康造成极大危害。WHO 在 20 世纪末曾发布了统计报告，其中明确指出了真正患有食源性疾病的人数比报告中的人数还要多很多，而耐药菌株的出现和数量上的扩张也促使这一问题变得更加严重。

在发达国家，每年都会有一半的国民受到食源性疾病的威胁，就算是在以美国为代表的工业化国家，每年也有近 1/3 的民众会因食源性疾病而受到影响。专家表示，像沙门氏杆菌这种比较普通的食源性疾病致病菌，每年可能给美国带来 16 亿—50 亿美元不等的损失。在监控食源性疾病方面，美国可以说是最为完善的国家，关于此类疾病的资料十分丰富和完备。但从权威机构的监测数据中仍然能够发现，在美国，每年都会有超过 7000 万人受到食源性疾病的危害。

在发展中国家，尤其是一些还不是十分发达的国家，食源性能够引起更加严重的问题。在这些国家中，每年都可能会有 220 万人因食源性疾病失去生命，其中，儿童占绝大多数。

不安全的食品在所有种类中都能够发现，像奶粉、酱油、辣制品，甚至人们生活中必备的大米、面粉和食用油等都曾经出现过食品安全问题。在食品生产和消费的过程中，食品安全问题频频出现。按照中国疾病预防控制中心的统计数据来看，在我国，每年都至少有 3 亿人会患上食源性疾病。同时，专家表示，我国每年因食物中毒的案例在 20 万到 40 万间，报告数只是其中的 1/10 而已。从表 4-1 中可以看出，自 2008—2015 年，我国因食物中毒的人数已经达到了 1597 起，涉及了近 6 万名群众，超过 1000 人死亡。每年都会发生约 200 起食物中毒事件，导致超过 7000 人中毒、超过百人死亡。全国食品中毒事件数和中毒人数总体呈下降趋势，尤其是近几年得到明显改善，但死亡率仍处于较高水平，维持在 1.9% 左右。[①]

表 4 – 1　　　　　　　2008—2015 年全国食物中毒发生情况

年份	事件数		中毒人数		死亡人数		死亡率（%）
	起数	构成比（%）	人数	构成比（%）	人数	构成比（%）	
2008	380	23.79	12073	20.73	126	12.32	1.04
2009	192	12.02	7783	13.36	128	12.51	1.64
2010	188	11.77	6686	11.48	154	15.05	2.30
2011	189	11.83	8324	14.29	137	13.39	1.65
2012	173	10.85	6272	10.77	146	14.27	2.33
2013	150	9.39	5455	9.38	108	10.56	1.98
2014	159	9.96	5627	9.66	106	10.37	1.88
2015	166	10.39	6015	10.33	118	11.53	1.96
合计	1597	100	58235	100	1023	100	1.76

在一些与食物有着密切关联的传染病患者中，已经形成了一个庞大的数字。举例来说，乙肝就是与食品安全有着密切关联的消化道传染病。目前我国有超过 1 亿名乙肝病毒携带者，其中可能有 1/5 的人真正会患上乙肝。同时，我国每年都会有约 30 万人因乙肝导致的肝癌或肝硬化等疾病而失去生命。

食源性疾病具有影响广泛、持续时间长的特点，而相关疾病的暴发只是其中一个令人不得不关注的问题。对于儿童、老人、孕妇和一些其他患者而言，食源性疾病会带来更加严重的影响。这一疾病不但会影响民众的健康与正常生活，还会对个人、家庭、社会以及国家利益产生非常严重的影响。对于卫生保健系统而言，这些疾病会使社会生产力水平及福利水平下降。同时，食源性疾病所导致的收入损失情况也会使穷人的经济状况变得更加严峻。

食品安全问题会给社会和经济产生非常严重的影响。食源性疾病会

---

① 陈小敏、杨华、桂国弘等：《2008—2015 年全国食物中毒情况分析》，《食品安全导刊》2017 年第 25 期。

在很大程度上导致社会生产力的下降，使人失去劳动能力，同时给人带来较大的医疗负担。按照美国的测算来看，在我国，食源性疾病可能会带来的医疗成本已经达到了 47 亿美元，在生产率方面的损失可能会达到 140 亿美元，以上两个方面占 GDP 的 0.2%—0.6%。在食品工业中，这些成本可能会占据 13.6% 的总产值。这也就意味着食品工业的总产值中，有 13.6% 的部分会因食源性疾病的产生而不复存在。

食品安全问题同样会对国际贸易与有关产业的发展产生重要的影响。这一影响可能表现在以下几个方面：第一，若食品污染超出进口国的上限，会被进口国拒收；第二，若一个国家出现影响较大的食品安全问题，很有可能影响该国在世界上的国际声誉，对国际贸易与旅游产业造成重要影响。20 世纪八九十年代，在英国流行起来的疯牛病传染了超过 17 万头牛，影响了超过 30 个国家和地区，造成了很大的经济损失，并且在社会上引起了恐慌。统计数据显示，在英国，疯牛病可能导致超过 300 亿美元的损失。

在我国，食品加工业对民众的生活具有非常关键的影响，同时也在很大程度上影响了中国经济的发展。我国无论是在食品的生产、消费还是贸易上，在国际上都占有十分关键的地位。当前，我国已经在各个食品加工领域拥有 44.8 万家生产企业，生产的食品产量也十分可观。2016 年，食用植物油、乳粉、肉类、水产品等大宗产品进口量分别达 673.5 万吨、96.5 万吨、460.4 万吨、388.3 万吨，进口食品安全已经成为保障我国消费者安全的大事。① 也是在 2016 年，我国出口食品总共达到 367 亿美元，我国生产的食品出口超过 200 个国家和地区。但是，因我国生产的部分食品的污染物超过了一些国家的上限，这些食品被贸易伙伴国拒绝、没收、销毁甚至禁运。其中，比较知名的"毒饺子"事件一度影响了中国与日本的外交关系。对于其他国家逐渐升高的允许上限，对于我国食品与农产品出口产生了很大的影响，在贸易方面也产生了很大的损失。同时，这一问题也不利于农村经济的发展。

---

① 国家质量监督检验检疫总局：《质检总局发布〈2016 年中国进口食品质量安全状况白皮书〉》，国家质量监督检验检疫总局，http://www.aqsiq.gov.cn/zjxw/zjxw/zjftpxw/201707/t20170714_493224.htm，2017 – 07 – 14。

　　食品安全不但影响了食品的生产、销售和流通，同时还会影响旅游业、农业以及农资生产业。食品安全事件如果发生得太过频繁，还会在很大程度上影响民众对于社会发展的预期和对政府的信任程度。一旦发展到严重的程度，甚至会对社会稳定造成影响。食品安全问题的频发导致消费者、生产者以及政府部门不得不将更多资源投入食品安全问题上，这也导致了社会成本的增加。

　　在马斯洛提出的关于人类基本需求的理论之中，安全是第一位，也是最基础的需求。由此可见，食品安全是一个会对人类生存和发展产生重要影响的关键性领域。它不但与人体健康和人类生活息息相关，还是一个非常基础的人权问题。

　　目前，食品安全又面临着新的挑战。对于农业以及食品工业的一体化发展而言，食品在生产和销售过程中都有新的挑战。食品和饲料异地生产的方式是非常常见的，这也导致了食源性疾病的不断传播。我国城市化水平的不断提升会给食品的运输、贮藏以及制作工作带来影响。同时，由于人们生活方式的变化和收入的不断提升，有很多人都会选择在外就餐。此时消费者就失去了在食品加工环节能够进行安全控制的权利。在很多发达国家，每个家庭都会将很多预算作为家庭外的食物制作。而在发展中国家，有很多食物都是街头小贩制作的。在食品贸易全球化趋势不断扩张的今天，很多国家为了推进经济的发展都在大力开发食品贸易，这些变化导致食品安全问题的爆发范围变得更广。在过去，食品安全问题其实并没有得到有效的控制，而新技术的出现又为其带来了新的挑战。基因工程和辐照技术在食品生产引进的过程中，尽管农产品的产量有所提升，但其安全性仍然有所不足。

　　在长期的探索与实践之后，我国在提升食品安全水平方面已经获得了进步。然而，社会上发生重大食品安全事故，也充分说明了食品安全的治理仍然任重道远。

四　食品信息体系建设缓慢，食品检测水平不高

（一）食品法律法规和技术标准结构不合理

　　针对食品安全而言，目前我国已经制定了很多法律，像《质量法》《质量安全法》和《进出口检验法》等都是典型代表。除了法律之外，

相关部门还制定了很多规章制度。然而，这些法律法规基本都是以食品安全的基本概要进行界定的，就概念而言没有进行统一的规定。同时各个法律之间的协调程度不强，也不利于在实际生活中的操作，这些弊端都不利于法律效力的提升。当前中国食品安全标准的整体水平并不高，并且国家、行业和各地制定的相应标准也存在重合和普遍的盲区。在一些重要标准方面，我国还比较欠缺，一些产品甚至没有标准可依。此外，我国制定食品安全标准的方式和整个体系很难适应针对食品安全控制的具体要求，实施力度还不够强。早在 2009 年，我国就已经颁布了《食品安全法》，但在真正落实的工作上，我国仍然任重道远。

（二）监管部门食品检测设施不足、检测方式不合理

在很多基层食品安全监管机构，因检测设施的缺乏、手段不足、力度不够等各方面的缺陷，在部分监管部门下设置的乡镇检测站点中，检测设备其实是非常缺乏的。在检测时，工作人员往往只凭借外观开展检查工作。显然，这种检测方式是很难检测出食品添加剂、成分与含量和卫生指标等方面的。此外，因工作经费的限制，一些应当检测的项目因经费的缺乏而被省略。在这种情况下，很多会对食品安全产生重要影响的问题都不能被及时发现。站在监管方式的角度而言，对于发达国家来讲，食品安全的例行检测制度是十分常见的，很多国家都会对食品进行"从农田到餐桌"的监管模式。当前，我国并没有针对食品安全的检测投入过多的人力和物力，整体的检测机制并不完善，往往会通过传统的方式，实施突击或运动式的检查。检查工作在环节和时间方面的缺乏使有害食品仍然会对群众的生活产生危害。

（三）食品质量标准不适应，未形成规范化

食品生产和加工尚未形成规范化运作，缺乏足够的质量标准，质量安全管理水平整体上推进速度滞缓。目前，我国食品相关标准由国家标准、行业标准、地方标准、企业标准四级构成，现已制定和发布了包括各类食品产品标准、食品污染物和农药残留限量标准、食品卫生操作规范在内的食品卫生及检验方法、食品质量及检验方法、食品添加剂、食品包装、食品贮运、食品标签等方面的国家标准 1000 余项，但由于制标工作缺乏有效的统一协调机制，在实施中暴露出不少问题，标准之间的矛盾问题尤其突出。

（四）食品信息体系建设缓慢[①]

食品安全领域存在的严重信息不对称是产生食品安全问题的重要原因，目前我国在食品质量安全信息建设方面还处于起步阶段，食品安全信息分散，交流不及时，信息失真等普遍存在。特别是目前，由于我国没有建立以企业产品质量信用记录为重点，以培育质量信用产品、创建质量诚信企业、惩戒质量失信行为为核心的食品质量信用体系；没有建立食品质量信用记录制度、信用等级评价制度、质量诚信激励制度、企业质量失信行为惩戒制度等相关体系和规定，导致企业违法失信行为频频发生。

第三节　中国食品安全的影响因素

就世界范围来看，影响食品安全的因素有以下几个层面：第一，物理影响，即杂质和一些放射性的污染；第二，化学影响，即农药、化肥、食品添加剂和兽药等；第三，生物影响，即细菌、病毒和寄生虫等；第四，转基因影响，也就是因风险的不确定而产生的影响。

从我国目前的情况来看，食品不安全因素已贯穿食品供应的整个过程。综合实际情况，可概括为以下七大影响因素。

一　微生物污染

微生物是影响我国食品安全的最主要因素。微生物和毒素可能会使传染病不断流行，使危害人体健康的疾病流传。在微生物污染中，含有细菌、病毒和真菌的污染。自 21 世纪以来，食物中毒的状况发生后，人们发现微生物其实是导致食物中毒最普遍的影响因素，占据了 40% 的比例。同时，在食品进行加工、贮存和运输等多个过程中，都会产生微生物污染。

二　环境污染

环境污染物在很多食物中都会存在，这不但是人为因素导致的，也

---

① 陈七：《我国食品质量安全监管体系存在的问题和对策研究》，硕士学位论文，南京农业大学，2007 年。

有一些自然的因素。统计结果显示，环境因素是导致肿瘤发生的主要因素。环境中很多有害物质都会通过食品的形式进入人体，对人们的身体健康产生非常重要的影响。现在，因工业"三废"及城市垃圾的不合理排放，导致我国水体在很大程度上都受到污染。动植物因在环境中生存的原因，导致了有毒物质的累积，因此受到了污染。在这些污染物中，像汞、镉和铅等重金属和各类放射性物质等无机污染物当中，在很大程度上都会受到食品产地的影响。而二噁英、多环芳烃等工业化合物中，都具备能够从环境中获取富集的特征，并且其毒性是非常强的，可能会对食品造成极大的威胁。

三　农药与兽药残留

无论是农药、兽药还是饲料添加剂，都会对食品安全产生很大的影响。目前，它已经变为人们所关注的重点内容。在美国地区，在很多消费者的反馈下，当地政府已经将 35 种可能致癌的农药进行禁用。在中国，有机氯农药在 20 世纪 80 年代就已经停产停用，但因这种农药的化学性质非常稳定，因此会在食物链、环境甚至人体中长期残留，所以直到今天仍然有检出。有机氯农药停产停用后，有机磷和氨基甲酸酯等农药代替了有机氯农药。虽然后者的危害较小，但农药的广泛使用使害虫的抗药性有所增强，迫使人们不得不使用更多农药。如此一来，食物的安全性以及人体健康都会在很大程度上受到影响。

四　食品生产经营的规模化和管理水平偏低

近几年，我国食品行业不断发展，已经有很多企业都树立了良好生产、实力扩大的典范楷模。然而，还有很多企业仍然处在小规模、低水平管理的状态下。国家质检总局的调查结果显示，在接受调查的 6 万家产业中，有近95%的企业规模都在 100 人以下，有80%的企业规模少于 10 人，并且为家庭作坊式的生产模式。因此，食品卫生水平很难得到提高。

五　法律法规体系不完善

在中国，尽管有一些食品质量领域的法规，像《产品质量法》《农业法》以及《食品安全法》等，但此类法规都只是针对食品质量进行概要式的规定，无法全面地反映当前消费者针对食品安全的要求。同时，各个法规之间的协调和配套程度也并不是很好，不具备较高的操作性。

六　新产品和新技术潜在的风险

近几年，我国出现了很多新的食品种类。有一些新品种的食品还没有进行危险评估，就已经流入市场、流入人们的餐桌上。在这些食品中，方便食品和保健食品是典型代表，这也给食品安全工作带来了很大的挑战。

七　食品安全教育滞后

长期以来，我国在食品安全领域的关注度都不高，这使生产者缺乏有关的知识，同时还不利于其自我保护意识的提升，在很大程度上影响了食品安全工作的开展。

除了以上因素之外，能够对食品安全产生影响的因素还有很多种。政府部门应当具体情况具体分析，根据实际情况的不同制定相应的措施，最大限度地保障食品安全。

第四节　案例分析：中国食品质量安全问题事件

一　"孔雀石绿"事件
【案例回放】

2005 年 6 月 5 日，英国媒体报道，政府检测机构在当地某知名连锁超市正在售卖的鲛鱼中检测出了"孔雀石绿"，相关部门在第一时间内将这一检查结果上报给欧洲各国的食品安全机构，面向欧洲发出食品安全警报。英国有关机构面向社会声明，无论是什么品种的鱼类，都不允许还有"孔雀石绿"这种化学性的致癌物质，因此这一检测结果不可接受。

在事件发生的一个月后，我国农业部办公厅面向全国各地，发布了

《关于组织查处"孔雀石绿"等禁用兽药的紧急通知》。面向全国严肃查处非法经营以及使用"孔雀石绿"的行为。

随后，国内某报社的记者针对湖北省、辽宁省和河南省的一些养鱼场、渔药商店及水产批发市场进行了调查，结果不容乐观。因市场需求旺盛，很多渔药商店仍然在销售"孔雀石绿"。

同年，我国有三种"珠江桥牌豆豉鲮鱼罐头"都被检测出含有"孔雀石绿"这一致癌成分。香港政府的有关部门也发布了检测机构的报告，当地生产的"鹰金钱"牌金桂豆豉鲮鱼以及甘竹牌豆豉鲮鱼也被查出含有"孔雀石绿"这一致癌物。

2006年年末，上海媒体曝光了产地为山东的多宝鱼出现药残超标的现象。2007年，山东省日照市某养殖企业起诉了台湾统一企业股份有限公司和该公司在青岛市设立的独资企业，原因是该企业生产的饲料中，"孔雀石绿"的含量超标。

为了避免非法添加违禁药物的现象出现，2013年，佛山市开始尝试"水产品产地标识准入"制度，针对桂花鱼、生鱼和黄骨鱼这三种价格不菲的鱼类实施"追溯码"的配备，也就是能够定位到生产这一条鱼的鱼塘位置。当地政府部门发布的报告显示，在高明区出产的两份草鱼样本中，检查出了"孔雀石绿"的残留。统计结果表明，从2013年至今，鱼类的产品已经有四次都被查处了残留物。

【"孔雀石绿"的相关知识】

"孔雀石绿"，又名碱性绿、盐基块绿、孔雀绿、苯胺绿、维多利亚绿和中国绿，生物染色剂、染料，商品名有草酸盐和氯化锌两种规格，是一种带翠绿色有金属光泽的结晶体，属三苯甲烷类染料，化学名称为四甲基代二氨基三苯甲烷。它是杀真菌剂，有盐酸盐和无色"孔雀石绿"两种结构式，易溶于水、乙醇和甲醇，水溶液呈蓝绿色，其在水生生物体内的代谢产物为无色"孔雀石绿"。无色"孔雀石绿"不溶于水，残留毒性比"孔雀石绿"更强。

水产品感染"孔雀石绿"的途径主要有三种：一是养殖过程中感染，在鱼苗孵化和鱼种、成鱼养殖阶段使用"孔雀石绿"防治鱼病。二是运输过程中感染，贩运商在运输前用"孔雀石绿"溶液对车厢进行消毒。三是暂养存放时感染，运输过程中或暂养存放时使用"孔雀石绿"消毒。

研究结果发现，"孔雀石绿"是一种带有高毒素、高残留特点的渔药。同时，它还会导致人类的癌症、畸形和突变，被称作"苏丹红第二"。"孔雀石绿"能够在动物体内实现长期残留。当它借助代谢活动进入人类机体之后，能够借助生物转化的形式，进一步还原代谢为脂溶性的无色的"孔雀石绿"，对人体健康造成极大危害。专家在实验中发现，针对小鼠施加 104 周的"孔雀石绿"之后，能够提升患肝脏肿瘤的可能性。同时，试验还发现了这一物质能够导致动物多个脏器与组织中毒的情况。

"孔雀石绿"这一渔药带有极强的残留副作用。专家表示，这种药物一旦使用后，养殖的动物中就会一直残留。尽管在后期，可以在养殖过程中加入维生素和微量元素进行缓解，但仍然不能完全消除。

"孔雀石绿"带有的极强的危害性，使很多国家都将其作为水产养殖工作中的违禁药。20 世纪末期，加拿大和美国均规定不可以将"孔雀石绿"作为水产养殖的药物。在 21 世纪初，欧盟也禁止了这一药物的使用。英国食品标准局表示，"孔雀石绿"能够对人体产生很强的副作用，无论是什么样的鱼类，体内都不应当含有这一物质。同时，该物质也不应当在食品中出现。

21 世纪初，我国农业部就将"孔雀石绿"加入《食品动物禁用的兽药及其化合物清单》中，"孔雀石绿"在水生物食品动物中被禁止使用。

肉眼辨别感染"孔雀石绿"的鱼的方法：①观察鱼鳞的创伤是不是有颜色。受伤的鱼类如果经过高浓度的"孔雀石绿"溶液浸泡，其表面就会呈现出绿色，严重者甚至会出现青草绿色。②观察鱼鳍。在正常情况下，鱼鳍应当是白色的；经"孔雀石绿"溶液浸泡后，鱼鳍很容易染上其他颜色。③若发现通体色泽发亮的鱼应警惕。④少量使用"孔雀石绿"，消费者很难鉴别。但是如果使用"孔雀石绿"浓度高，剂量大，可以从颜色上辨别，洗的时候会有绿色成分。另外，鱼汤或是鱼骨也可能发绿。

二 "苏丹红"鸭蛋事件

【案例回放】

2006 年年末，中央电视台的《每周质量报告》节目中报道了北京市部分市场及经销商售卖产自河北省石家庄等地，用含有苏丹红的饲料喂养鸭子而生产的"红心鸭蛋"，并在这些红心蛋中检测出苏丹红的事件。随后，我国卫生部下发通知，要求全国各地针对"红心鸭蛋"进行紧急查处。随后，北京、广州和河北多个地区先后停止销售"红心鸭蛋"。

当时，北京市有关部门针对"红心鸭蛋"的检测结果进行了公布。在所有接受检测的样本当中，有六个批次"红心鸭蛋"被检测出含有苏丹红，其含量由 0.041ppm 到 7.18ppm 不等。部分机构已经针对生产出含有苏丹红咸鸭蛋的企业进行了立案调查，监督生产商采取召回和销毁相关产品。因苏丹红事件影响，当地暂时扣押红心鸭蛋超过 1000 公斤。

11 月 14 日下午，河北省相关政府部门针对平山和井陉两个养鸭县进行检查，在逐个排查之后，发现了七个可疑的养鸭场，9000 只存栏鸭，将 800 公斤的可疑饲料进行查封，发现了 500 余公斤的可疑鲜鸭蛋和 70 公斤的咸鸭蛋。针对安新县的近 70 家禽蛋制品加工企业进行排查时，发现了三家可疑企业。

15 日，大连市在检查过程中发现了江苏省泰州市第二食品加工厂生产的"梅香"牌咸鸭蛋中含有苏丹红Ⅳ号。在检查时，有关部门按照线索，针对该厂生产的同品牌咸鸭蛋进行了跟踪排查，查扣了该品牌的不同系列的蛋制品近 3 万个。

16 日，广州市在全市范围内规定禁止销售"红心鸭蛋"。公关部门已经在 15 号颁布禁止令，规定无论是在批发市场、零售市场，还是在餐饮市场，"红心鸭蛋"都禁止销售。

【"苏丹红"的相关知识】

"苏丹红"学名苏丹（Sudan），其中含有Ⅰ、Ⅱ、Ⅲ、Ⅳ这四个种类。它的作用是进行染色，而不是食品添加剂。在"苏丹红"的化学成分中，会出现一种名为"萘"的化合物。这种物质存在"偶氮结构"，这也意味着它具备致癌的性质，能够毒害人的肝、肾等脏器。苏丹红作为化学染色剂的一种，主要应用在石油、机油和工业溶剂之中。同时，在增加鞋和地板的光泽度方面也时常使用。经"苏丹红"染色后的食品颜色十分鲜艳并且不容易褪色。能引起人们强烈的食欲，一些不法食品企业把苏丹红添加到食品中。常见的添加苏丹红的食品有辣椒粉、辣椒油、红豆腐、红心禽蛋等。

苏丹红状态为黄色粉末，熔点 134°C，不溶于水，微溶于乙醇，易溶于油脂、矿物油、丙酮和苯。乙醇溶液呈紫红色，在浓硫酸中呈品红色，稀释后呈橙色沉淀。

苏丹红一旦进入人体内，就会借助肠道中的微生物还原酶、肝及肝外组织微粒体、细胞质中含有的还原酶进行代谢，从而形成胺类物质。研究人员在突变试验及动物致癌试验中发现，苏丹红具有这样的特性是与胺类物质密切相关的。

研究人员在毒理学研究中发现，苏丹红具备的致突变和致癌的特性，能够使小鼠患上癌症。在四种苏丹红中，经研究发现，苏丹红Ⅰ能够导致人类肝细胞致癌。用苏丹红染色后的食物会缓慢地影响食用者的生命，不会令人在短时间内患病，所以很不容易被人发现。在我国，苏丹红是明令禁止使用在食品添加中的。苏丹红是经过人工合成的工业化学染色剂，早在 20 世纪 50 年代中期，欧盟已经不允许在食品中添加这一成分，我国同样也是如此。因苏丹红具有染色鲜艳的特点，印度在进行加工辣椒粉时还允许添加这一染色剂。在检测过程中，欧盟发现了从印度进口的红辣椒粉中含有苏丹红Ⅰ，含量为 2.8—3500 毫克/千克。英国食品标准局就含有添加苏丹红色素的食品向消费者发出警告，并在其网站上公布了可能含有苏丹红Ⅰ的产品清单。欧洲调味品协会专家委员会的资料信息显示，欧洲每天红辣椒粉的人均消费量为 50—500 毫克，从而推算欧洲人每天苏丹红Ⅰ的人均可能摄入量为 0.14—1750 微克。而在法国向欧洲调味品协会专家委员会提交的一份报告中指出，人均每天辣椒（包括红辣椒和辣椒粉）的消费量和最大消费量分别为 77 毫克和 264 毫克，按辣椒粉中苏丹红Ⅰ的检出量进行推算，则欧洲人每天人均苏丹红Ⅰ的摄入量为 0.2—270 微克，最大摄入量为 0.7—924 微克。

苏丹红咸鸭蛋的鉴别：

颜色：放养鸭子产的蛋，蛋黄颜色会随四季变化而改变。春天，食物来源丰富，营养充足，鸭蛋质量非常好，蛋黄略呈红色。夏季，食物来源减少，蛋黄的红色变浅。秋季，鸭子以稻谷为主食，此时蛋黄颜色偏黄。冬季全靠饲料喂养，蛋黄呈浅黄色，而且即使同一批鸭子产的蛋，蛋黄颜色也会深浅不一。鸭子食用添加苏丹红的饲料后，蛋黄颜色则没有四季的分别。

煮蛋：由于人为添加的色素更容易分离，放在水中会浮于水面或者溶在水里，因此市民在煮蛋的时候，如果发现水的颜色有变化的话，则说明很可能是人为添加的色素，最好不要食用。被苏丹红Ⅳ污染的红心鸭蛋不易煮熟。将蛋打到锅里煮沸，10 分钟蛋黄都难煮熟，而正常鸭蛋（包括天然红心鸭蛋），10 分钟肯定能煮熟，且蛋黄呈粉末状。

将红心鸭蛋切开后，能够发现自然红的鸭蛋黄是有"红中带黄"的特点的，并且会有红油流出，味道十分鲜美。添加过苏丹红饲料的鸭蛋黄颜色是鲜红色的，闻起来会有玉米面味，并且蛋黄并不细腻柔软，反而十分坚硬、干燥。

三 "三聚氰胺"事件
【案例回放】

2008 年 7 月，甘肃省卫生厅接到医院报告，医院接收的患有肾结石病症的婴儿患者数量陡增。医生在询问家长后发现这些婴儿都食用过三鹿牌奶粉。同年 9 月，媒体报道了甘肃省 14 名婴儿因食用三鹿牌配方奶粉导致肾结石的案例，"三聚氰胺"事件由此爆发。在媒体曝光后的下午，国家质检总局派调查组前往三鹿集团，这一事件的影响迅速扩大，有更多患有肾结石的婴儿患者被发现，广东省也发现了此类病例。随后，在最先发现该事件的甘肃省，已经出现了患者死亡的报告。在相关部门调查期间，三鹿公司先是否认，随后又承认奶粉受到污染的事实。集团声明，奶粉中之所以含有三聚氰胺，是因为有奶农为了牟利向鲜牛奶中添加了三聚氰胺所致。在此期间，三鹿集团的官网遭到黑客多次攻击，标题甚至被改成了"三聚氰胺集团"。在一段时间内，三鹿集团的官方网站甚至变为黑客们进行聊天的场所。从我国卫生部的相关报告中能够发现，到 2008 年年末，据报告在食用了三鹿牌奶粉及其他部分问题奶粉后使泌尿系统有异常而患病的婴儿有近 30 万人。

2008 年 9 月 13 日，国务院针对三聚氰胺事件启动了国家安全事故 I 级响应机制（在所有等级的安全事故机制中，I 级为最高级，是为了应对特大和重大食品安全事故而设置的）。对于患病的婴幼儿，国家开展免费救治工作，所有的费用都由国务院承担。同时，相关部门针对三鹿奶粉从奶牛养殖到乳品加工的各个环节开展检查工作。质检总局则承担针对市场上出售的所有婴幼儿奶粉进行检查的相关工作。

也是在 13 日，我国食品质量监督检验中心说明，三聚氰胺是化工原料的一种，在食品中是不允许添加的。因此，我国并没有针对三聚氰胺设置类似"农药残留"或"食品添加剂"的标准值。

9 月 17 日，中国国家质检总局发布公告表示，废除《产品免于质量监督检查管理办法》，在食品业不再推行国家免检制度。已经生产出的产品，或正在印刷的免检标志不再生效。随后，质检总局发布公告称要撤销蒙牛、伊利和光明这三个牌子的液态奶产品所持有的"中国名牌"的称号。同时，宣布不再办理同企业和产品直接相关的名牌评选活动。同时，商务部也发布公告，要求各地区的商务主管部门应针对生产和出口的奶制品进行严格管控，无论是食品还是药品，甚至是玩具、家具等企业，都要"0"安全隐患。就查证后发现责任应由中国企业承担的安全类事件，企业应当勇于承担责任。

石家庄市经过调查后表示，三鹿牌奶粉中含有三聚氰胺是因为不法分子在进行鲜牛奶收购环节中添加三聚氰胺。在调查后，已经将 19 名嫌疑人进行拘留，对 78 人实施传唤。在拘留的 19 人中，有 18 个人是牧场、奶牛养殖小区或奶厅的经营者，剩下的 1 人为添加剂的非法出售者。

在调查后的第一时间内，河北省政府发布声明，称将对三鹿集团实施停产整顿，立即处理责任人。三鹿集团的"毒奶粉"事件在我国卷起了一场"行政、司法问责"的风暴。根据新华社的报道，导致三鹿集团的"三聚氰胺"奶粉事件影响不断扩大的重要因素是该公司和当地政府在发现奶粉会使婴儿患病后进行瞒报、后报。

2008 年 9 月，河北省政府颁布了《三鹿牌婴幼儿配方奶粉销毁办法》，其中明确强调这一工作应当由工商、环保、公安和监察等多个部门共同负责，要对问题产品进行集中、就近销毁。2008 年 10 月 4 日之前，应当彻底销毁约 450 吨的毒奶粉，避免其再次流入市场。

2008 年 10 月，卫生部等五个部门共同公布了乳和乳制品中有关添加三聚氰胺的临时限量标准。标准规定，每 1 千克的婴幼儿配方奶粉中允许含有 1 毫克的三聚氰胺。10 月 9 日，时任国务院总理温家宝签署了国务院令，针对乳品进行了明确的质量监督管理。

【"三聚氰胺"的相关知识】

三聚氰胺，又叫作密胺或蛋白精，IUPAC 又将其命名为"1，3，5 - 三嗪 -2，4，6 - 三氨基"。三聚氰胺是将尿素作为原料从而生产出来的氮杂环有机化合物。在常温下，三聚氰胺呈现出白色单斜晶体的状态，无显著异味，常被用于化工原料之中。在常温下，三聚氰胺微溶于水，可溶于甲醇、甲醛、乙酸、热乙二醇、甘油、吡啶，不溶于丙酮和醚类。三聚氰胺其实是氨基氰的三聚体，以其为原料制作的树脂，在加热后能够释放氮气，因此常被用作阻燃剂。三聚氰胺主要应用在木材加工、塑料、涂料、皮革、电器和医药等生产过程之中。

研究人员在毒理学实验中，用三聚氰胺给小鼠灌胃后，在死亡小鼠的输尿管中发现了大量的晶体蓄积，一些小鼠的肾脏被膜处都被晶体覆盖，这是急性毒理学实验的结果。若使用含有三聚氰胺的饲料进行动物喂养后，发现肾脏中浸润淋巴细胞，肾小管的管腔中出现晶体。经生化指标进行观察后发现动物的血清尿素氮（BUN）及肌酐（CRE）在缓慢升高，这是亚慢性毒性试验的结果。按照实验结果和患儿的临床表现可得出结论，三聚氰胺的确存在能够导致泌尿系统结石的可能性。但是，现在还没有直接证据表明其会给其他组织系统带来损伤。

2008 年 10 月 8 日，卫生部、农业部、工商总局、质检总局和工业信息化部联合发布公告，从官方角度说明了三聚氰胺在乳和乳制品中的临时管理值：在婴幼儿配方乳粉中，三聚氰胺的最高上限为每千克中允许含有 1 毫克，若高于上限，产品不允许销售。对于液态奶、奶粉其他配方乳粉中，最高上限为每千克中允许含有 2.5 毫克，高于上限的产品不允许销售。

2012 年，联合国中负责管理食品安全的机构又针对三聚氰胺的含量设立了新的标准，规定在每公斤液态奶中，三聚氰胺的含量上限为0.15毫克。

四　"皮革奶"事件

【案例回放】

2005年，山东省等地曝光了牛奶中含有"皮革水解蛋白"的事件，这一事件引发了当时国务院副总理吴仪的高度关注，并进行了严肃整顿。在当时，山东省工商部门查获了近3万件含有水解蛋白的乳制品，发现有超过200家小工厂生产这种产品。

2009年，位于浙江省金华市的"晨园乳业"中又被发现乳制品中含有皮革水解蛋白，并在工厂中当场发现共60公斤的白色皮革水解蛋白粉末，1300箱产品受到污染。部分流向市面的产品在最短时间内被回收。随后，山东、山西与河北省也陆续发现同类产品。

2010年，国家质检总局联合农业部等五个部门，再一次发布声明，其中强调禁止使用以皮革碎料制成的皮革蛋白粉加入食品之中。同时，对于乳、乳制品和含乳饮料等相关食品，要提升监管力度。

2011年年初，网络上热传一条题为《内地"皮革奶粉"死灰复燃长期食用可致癌》的报道，在网络上引起轩然大波，并在最短时间内被商业门户网站首页进行展示。这篇报道中说明，有一些不法商贩，将皮革废料或动物毛发等物质，加入水中提炼后制成"皮革水解蛋白"，将这一物质加入奶粉中，希望通过这种方式提升奶粉中含有的蛋白质，以应对检查。

此时，我国的乳业已经处于风雨飘摇的状态下，因"皮革奶"的影响，很多消费者都因各种各样的顾虑而不愿意购买国产奶粉。也是在这一时期，央视制作了一档关于国产奶粉的调查节目，访问了很多消费者。其中，有70%的消费者表示不想再购买国产奶粉。在这种情况下，很多超市及专卖店的进口奶粉销售状况较国产奶粉而言有较大差距。毫无疑问，当时正是我国国产奶粉业的危机时代。因皮革奶导致的民众对于奶粉业出现的二度恐慌，整个乳制品行业正面临着重建公众信任的高成本付出。

【"皮革奶"的相关知识】

皮革奶就是通过添加皮革水解蛋白从而提高牛奶含氮量，达到提高蛋白质含量检测指标的牛奶。由于这种皮革水解蛋白中含有严重超标的重金属等有害物质，致使牛奶有毒有害，严重危害消费者的身体健康甚至生命安全。

不法商贩在提取皮革水解蛋白粉时，往往使用皮革的下脚料，甚至动物毛发等物质，将其水解后生成的粉状物。由于其中氨基酸、明胶（蛋白质）含量比较高，所以才被称作"皮革水解蛋白粉"。

从严格意义上来讲，这种添加物其实对人体健康没有危害，但必须是使用没有经过鞣制和染色的皮革以提取水解蛋白粉。但是，这种情况其实是不存在的。原因在于，鞣制和染色后的皮革，生产服装后的利润比较高，所以制作这种添加物时，不法分子往往会使用皮革厂制作服装或皮鞋后剩下的下脚料进行生产。皮革在经过鞣制和染色后，其中含有了重铬酸钾、重铬酸钠等有毒物质，再用其制成皮革水解蛋白，被人食用后，其中"铬"等重金属离子会为人体所吸收，在逐渐累积之后会致人中毒，令人体关节变得疏松、肿大，严重情况下还会导致儿童死亡。

"皮革水解蛋白粉"因其有毒的特性，往往用在动物饲料的添加。而不法商贩在乳、乳制品和含乳饮料中添加皮革水解物，主要是为了提升蛋白质含量以通过国家检测。

2004年，卫生部发布公告，明确要求禁止使用皮革肥料和毛发等食品原料生产出的明胶及水解蛋白。同时，禁止使用非食品原料生产出的明胶及水解蛋白添加到乳制品、儿童食品或其他食品当中。

2009年3月，食药监管局发布了公告，明确表示本部门工作的重点在于打击添加皮革水解物的乳和乳制品。

2009年6月，新修订的《食品安全法》正式开始推行，其中针对食品添加剂有了新的要求。其中规定：在使用食品添加剂时，应当从技术层面确定其已经经过风险评估，确保安全后才能列入允许使用的范围之中。不能再使用允许添加的食品添加剂以外的，可能会对人体健康造成危害的物质加入食品中。

从2011年3月1日起，国务院办公厅对未重获生产许可证的企业要求必须停止生产。根据新规定，乳制品生产企业必须配备相应检测设备，对包括三聚氰胺在内的食品添加剂等64项指标进行自检。据估计，企业需要投入二三百万元购置设备，约两成企业可能被迫退出市场。

2011年，农业部颁布了关于生鲜乳的监测计划，把"皮革奶"加入监测工作的黑名单之中。

五　"地沟油"事件

2011年9月13日，公安部曾经先后在浙江、山东、河南等地区发现了地沟油，并没收了利用地沟油生产的食用油，摧毁了地沟油犯罪网点6个，制裁了嫌疑人32名，涉及的省份有14个，引起了很大的关注和重视。

2011年3月，浙江省宁海县的公安人员接到群众的举报，说有人员在宁海县的各个饭店回收厨房的废弃油脂，并且这些人员很多，是有组织出现的，高价回收各个饭店的废油后再加工制成食用油。公安厅接到群众的举报后，就成立了整治小组，跟随嫌疑人多次到达山东、河南等地进行蹲点侦查，经过分析初步判定这些人员具有重大的犯罪行为。在7月中旬，公安部统一下达抓捕嫌疑人的命令，先后在浙江、山东等省份的公安机关的联合抓捕中，成功地捣毁了非法利用地沟油生产的几个公司，其中济南格林生物能源有限公司、河南郑州宏大粮油商行等都没有逃过法律的制裁，经过此次集中行动一共查获窝点6个，生产线两条，炼制的食用油100余吨，并且查获伪装冒牌的食用油成品油100多箱，主要的犯罪嫌疑人有32名。

在此之前，因为对于食用油的检测标准不规范，存在纰漏，所以才导致了利用地沟油炼制加工的食用油没有办法发现，同时也因为，对于各个饭店的厨房的废弃油脂的管理方面不完善，监管部门在循环利用上的监管不到位，所以在此次侦查和抓捕的过程中带来了很大的问题。此次案件是首次针对掏捞、粗炼、倒卖、深加工、批发、销售6大环节进行的产业链的侦破，严重地打击了不法分子。而且通过此次案件，对于我国针对食用油的检测标准和厨房油脂的循环利用的标准上起到了推动的作用，对于地沟油的犯罪事实提供了科学的依据。

除此之外，2012年3月21日，在浙江、安徽、重庆等地区公安的努力下，通过几次的集中行动，彻底捣毁了浙江金华特大新型地沟油的网点。此次活动，一共整治黑窝点 13 个，抓捕的嫌疑人有 100 余人，并且发现的成品以及半成品共计 3200 多吨，从加工到销售的环节进行了彻底的摧毁，一共涉及的省份有 6 个。

在此次的事件中，公安部门发现了一种新型的地沟油，通过过期或者腐败的动物的内脏、肉等经过小作坊的加工提炼而成。此次新型的销售黑窝点一共有 13 处被查处，查获油品有 3200 余吨。

【"地沟油"的相关知识】

地沟油是近几年逐渐地走进人们的生活的，对于地沟油的概念可以总结为，是通过生活中各种过期的劣质的油类进行回收，重新炼制，进行反复使用的油品。其中最先出现的就是在城市中各个大型的饭店中的厨房劣质的油类，这些油多是来源于隔油池。地沟油的危害是，长期地食用这些劣质油生产的食品，会引发癌症，对身体的危害非常大，地沟油已经成为劣质油的一个代名词。

国务院在 2010 年 7 月颁布了相关的文件，针对饭店的餐厨废弃物资源和循环系统进行整改，2011 年的 12 月，对于食用油的检测也进行了完善，增加和征集了地沟油的检测方法。

地沟油一共分为三类，第一类就是各种饭店中厨房的劣质的油类的重新加工和处理之后提炼处理的油类；第二类就是之前提到的新型地沟油，是通过过期或是腐败的动物的肝脏、肉类等进行提炼处理之后炼制的油品；第三类就是食品方面使用的油类，是指经过多次的循环使用，超过使用的次数，然后添加新的油类进行再次使用的油品，也称为地沟油。

具体危害：

垃圾油是质量极差、极不卫生，过氧化值和水分严重超标的非食用油。在炼制"地沟油"的过程中，动植物油经污染后发生、氧化和分解等一系列化学变化，产生对人体有多重毒性的物质。砷就是其中的一种，人一旦食用含砷量巨大的"地沟油"后，会引起消化不良、头痛、头晕、失眠、乏力和肝区不适等症状。长期摄入，人们将出现体重减轻和发育障碍，易患腹泻和肠炎，并伴有肝、心和肾等脏器的病变。

"地沟油"中混有大量污水、垃圾和洗涤剂，经过地下作坊的露天提炼，根本无法去除细菌和有害化学成分。所有的"地沟油"含铅量都会严重超标。食用了含铅量超标的"地沟油"做成的食品，则会引起剧烈腹绞痛、贫血和中毒性肝病等。

"地沟油"的另一大危害是在高温状态下长期反复加热使用。在餐馆中，很多菜肴都需要油炸，商家出于节约成本的考虑，往往不会在做完一个油炸菜之后就把一锅油扔掉，这就势必带来油脂的反复加热。所有油脂在加热条件下都会发生反式异构化、热氧化、热裂解、环化、醚化、聚合等多种反应，致使油黏度增加，色泽加深。过氧化值升高，并产生一些挥发物及醛、酮、内酯等有刺激性气味的物质。而且在反复加热过程中，难以避免会出现更多的苯并芘、杂环胺和黄曲霉毒素等致癌物或疑似致癌物。这种油很黏稠又腻口，室温下也不易融化。

已有研究发现，长期吃这种多次加热的油，会破坏白细胞和消化道黏膜，引起食物中毒，甚至可导致肝脏、胃、肾脏、乳腺、卵巢和小肠等部位癌变。

检测标准：

望（看）：一般来说，"地沟油"或劣质油的透明度都比较低，甚至会有杂质。优质的植物油不易凝结，而"地沟油"成分复杂，动物性油脂比例高，比较容易凝固。因此，如果油脂在1分钟内就变白凝固，那说明油品不纯，质量不高，甚至有可能就是"地沟油"。如果较长时间不凝固，说明油的质量较好。"地沟油"因反复加热使用，颜色较深，黏度也较高，可以滴几滴油在手指上，如果发现黏手的，有可能就是"地沟油"。

有消费者会到农贸市场从小商贩手中购买散装的食用油，这种散装食用油从加工工艺、食用油质量等方面都难以保证，所以尽量不要购买散装食用油。

闻：不同的油品气味是不同的，例如豆油和葵花籽油是不同的，对于地沟油也是一样的，可以将油取几滴放到手掌中，然后双手合拢之后进行摩擦，因为摩擦而发热的气味来区分油品是否存在异常。如果油异味则证明油的质量是存在问题的，如果油很臭的话，地沟油的可能性就比较大，如果仔细闻过之后有矿物油的气味则证明油存在的问题更大。

尝：将筷子放到油桶中蘸取一点，进行品尝，如果品尝之后有很酸的味道，则证明油是不合格的产品，如果有酸也有苦，则说明油已经变质，则有可能是"地沟油"。

听：将油底的部分抽取几滴，然后将其涂在易燃纸上，点燃之后听起燃烧的响声，如果燃烧之后是没有响声的则证明是合格的，如果发出有呲呲的声音则证明油品不纯，水分过多，如果发出"噼啪"的声响，则说明水分严重超标，并且存在掺假的可能，这种油是绝对不能够购买的。

问：可以向商家咨询要购买的产品的进货来源，可以和销售人员索要发票，或者可以查看当地卫生局的检测报告。

另外利用科学也可以检测油的质量，利用化学原料金属离子浓度和电导率的关系来进行判定，如果电导率是一级食用油的 5 倍至 7 倍，由此可以准确识别出潲水油。

六　"瘦肉精"事件
【案例回放】

1. 事件初发期

2011 年 3 月 15 日，中央电视台在消费者权益日出了一期《"健美猪"真相》的特别报道，披露了河南济源双汇公司收购使用含"瘦肉精"猪肉的事实。按照双汇公司的规定，十八道检验并不包括"瘦肉精"检测。消息一出，市场一片哗然。（央视《"健美猪"真相》节目，《双汇被曝使用"瘦肉精"猪肉　"健美猪"大行其道》，腾讯网，2011 年 3 月 15 日）

2. 事件舆情扩散期

3 月 15 日，河南省委、省政府高度重视，采取紧急措施，立即查封了报道涉及的 16 家生猪养殖场，对涉嫌使用"瘦肉精"的生猪及134 吨猪肉制品全部封存。相关部门还将派出工作组，深入各地全面彻查，凡涉及的县市的畜牧局长全部停职。（张兴军：《河南查封 16 家"瘦肉精"问题养猪场》，新华网，2011 年 3 月 16 日）

3 月 16 日，双汇集团发布申明称，"瘦肉精"事件系子公司所为，已责令济源工厂停产自查，并派出集团主管生产的副总经理及相关人员进驻济源工厂进行整顿和处理，并为给消费者带来困扰道歉。（王霄、徐雯：《双汇集团承认使用"瘦肉精"猪肉　发声明致歉》，新浪财经，2011年3月16日）

　　3月16日，官方已经控制涉案人员14人，其中养猪场户负责人7人、生猪经纪人6人、济源双汇采购员1人。"瘦肉精"猪肉事件主要事发地——焦作，还要求纪检监察部门立即介入。凡涉及的县市的畜牧局局长全部停职。对此，网民抱怨处置过于避重就轻。（张兴军：《河南查封16家"瘦肉精"问题猪场》，新华网，2011年3月16日）

　　3. 事件高潮期

　　3月17日，双汇集团向社会发出了声明，在说明中提出要求济源双汇要将市场上所有的商品进行回收，并且要交给政府相关的监管部门进行处理。同时对于相关的人员进行免职，对于集团进行停业，整顿此问题。（门杰丹：《河南双汇免去4名高管　将召回市场产品》，搜狐网，2011年3月18日）

　　3月18日，河南省公安厅消息，"瘦肉精"案已经侦破，已经查明"瘦肉精"源头在襄阳，14名涉案人员被控制。截至目前，该案已控制到案并采取强制措施95人。（郭俊华：《"瘦肉精"源头查明在襄阳　95名涉案人员已被控制》，大河网，2011年4月8日）

　　3月20日，河南省委省政府高度重视，在沁阳市、孟州市、温县、获嘉县四地展开拉网式排查，并对济源市当地的"双汇"冷鲜肉进行抽检，首次通报数据显示，"双汇"品牌部分冷鲜肉"瘦肉精"抽检呈阳性。（廖爱玲：《双汇部分冷鲜肉检出"瘦肉精"》，《新京报》2011年3月21日）

　　3月21日，双汇集团旗下济源双汇食品有限公司已经被停产整顿，产品全部召回。（王锦：《济源双汇无限期停产整顿　双汇发展重组存隐患》，东南网，2011年3月21日）

　　3月22日，警方分别在陕西咸阳和河南洛阳，将两名在河南销售"瘦肉精"的主要上线陈某、肖某抓获，并查获"瘦肉精"成品、半成品和加工设备。（《河南"瘦肉精"案告破95人被控制　源头来自湖北襄阳》，腾讯网，2011年4月9日）

　　3月24日，68名涉案人员被河南有关部门控制、刑拘、立案侦查，并对 43 名公职人员调查取证。其中包括 26 名 "瘦肉精" 销售员、33 名养殖户、7 名生猪经纪人、2 名企业采购员。（李丽静：《河南 12 名公职人员因 "瘦肉精" 事件被立案侦查》，新华网，2011 年 4 月 8 日）

3 月 25 日，河南 "瘦肉精" 事件所涉案件调查取得重要突破，截至目前，肇事 "瘦肉精" 来源基本查明，并已发现 3 个 "瘦肉精" 制造窝点。（李鹏、张兴军：《河南 "瘦肉精" 肇事来源基本查明　发现 3 个制造窝点》，新华网，2011 年 3 月 25 日）

3 月 25 日，我国公安部门在多次行动之后在湖北的十堰将此次案件的主要人员刘某抓获，并将其主要的黑窝点进行了查封。（《河南 "瘦肉精" 案告破 95 人被控制　源头来自湖北襄阳》，腾讯网，2011 年 4 月 9 日）

3 月 29 日，专案组在江苏常州将刘某的同谋奚某抓获。（《河南 "瘦肉精" 案告破 95 人被控制　源头来自湖北襄阳》，腾讯网，2011 年 4 月 9 日）

4. 事件舆情消散期

3 月 31 日上午 10 点，双汇集团召开了全体职工大会，召开的地点在漯河市体育馆，参加的人员有集团的所有职工，还有公司的高管，以及社会上的媒体和全国的经销商。（杨澄苇：《双汇今日启动万人危机公关行动　部分专卖店倒戈》，新华网，2011 年 4 月 1 日）

4 月 2 日，媒体曝 "瘦肉精" 监管漏洞：双汇自检率仅为规定的 1/10，农业部规定行业企业 "瘦肉精" 自检比例为 3%—5%，而济源双汇食品有限公司的实际检验比例仅为 4.5‰，相差 10 倍。（李鹏、张兴军：《媒体曝 "瘦肉精" 监管漏洞：双汇自检率仅为规定 1/10》，新华网，2011 年 4 月 2 日）

4 月 8 日，河南省公安厅要求全省公安机关进一步加大对生产、销售假冒伪劣产品犯罪行为的查处力度，以切实维护食品安全和人民群众的切身利益。（李晓光：《河南警方侦破 "瘦肉精" 案　95 名涉案人员被控制》，网易，2011 年 4 月 11 日）

4 月 16 日，因 "瘦肉精" 事件停牌一个月的 "双汇发展" 4 月 15 日晚间发布公告称，对于 "瘦肉精" 事件的情况已基本核实清楚，"双汇发展" 将于 4 月 19 日复牌，同时将就核实情况进行公告。（《双汇发

展 19 日复牌将公告"瘦肉精"事件核实情况》，中国新闻网，2011 年
4 月 16 日）

4 月 19 日，"双汇发展"复牌，开盘即被 80 多万手大单封在跌停
板，股价报 70.15 元，直至收盘都未打开，成交量不足 11 万股。（梁晓
双：《双汇开盘即被 80 多万手大单封在跌停板》，中国广播网，2011 年
4 月 20 日）

【"瘦肉精"的相关知识】

"瘦肉精"学名盐酸克仑特罗，简称克仑特罗，又名克喘素、氨哮
素、氨必妥、氨双氯喘通，此物品的物理形态是白色的晶体，是粉末
状，物理特点是无臭，微苦，此点是 161°C，易溶于水和乙醇，微溶于
丙酮，和乙醚不溶。

"瘦肉精"是一类药物的统称，主要是肾上腺类、β 激动剂、β -
兴奋剂（β - agonist），用于治疗支气管哮喘、慢性支气管炎和肺气肿
等疾病，是一种平喘药。

如果将大量的"瘦肉精"放在猪饲料中，虽然可以促进猪的增长，
提高瘦肉率，但是如果在我们的日常生活中使用了，含有大量"瘦肉
精"的猪肉之后，就会对人体产生影响，因为盐酸克伦特洛是属于非
蛋白激素，物理特点是比较耐热，猪吃带有瘦肉精的猪饲料之后，在其
肝脏和内脏比较容易残留，当人们食用后对人体的危害性极大，轻者会
出现心慌、头疼、恶心、呕吐等症状。重者，对于有心脏病、高血压的
患者来讲，食用了瘦肉精的猪肉后，很可能会造成患者死亡。经过相关
的数据测试，食用了含有 0.2 千克以上的含有瘦肉精的猪肝或者内脏之
后，就会出现以上的中毒现象。而对于老人或者是心脏病、高血压的患
者来讲危害更大。

因为瘦肉精的危害极大，所以在 1997 年，中国农业部就发过禁令，
在禁令中明确指出，瘦肉精禁止在饲料和畜牧中进行使用。2009 年 12 月
9 日，有关的部门也颁布了相关文件，说明了禁止莱克多巴胺和盐酸
莱克多巴胺的进出口。除此之外，2001 年 12 月 27 日，2002 年 2 月 9
日、4 月 9 日等，农业部再次下发了相关的禁令，禁止在食品中动物的
饲料中添加 β 激动剂类药物（农业部 176 号、193 号公告、1519 号条
例）。

七 "工业明胶"事件

2012 年 4 月 9 日，一则"老酸奶使用工业明胶"的消息在微博上传播开来，称老酸奶和果冻中含有由破皮鞋皮革制成的工业明胶，一时间，关于老酸奶和果冻不能吃的话题引发人们的热议。4 月 15 日，央视调查又发现医药厂商用皮革下脚料制造药用胶囊，在胶囊的制作过程中，因为要使用含铬的鞣制剂，厂家在生产胶囊的过程中，忽略了金属超标的问题，所以经过皮革下脚料制作的胶囊，都是金属铬超标。经过相关部门的检测，修正等九家药厂的 13 个批次的胶囊都存在严重的铬量超标的问题，针对超标的事件，4 月 21 日，卫生部下达了相关的通报，要求所有的药厂停止生产并且对于已经生产的药用胶囊进行检测，通过此次风波公安机关逮捕犯罪嫌疑人 9 名，刑事拘留的有 45 人，一共立案 7 起。

工业明胶制作食用胶囊事件是自 2008 年三聚氰胺奶粉事件后，又一起引起举国哗然、涉及食品药品安全的公共事件。值得注意的是，"毒胶囊"事件所引发的大范围指责舆论和愤怒情绪，不但指向了涉事的 9 家药企，更把相关政府部门推向了舆论的风口浪尖，质疑有关部门的监管不力和不作为。而涉事企业在突发舆情事件应对方面的态度和方法，导致舆论转而对监管部门产生不满，这一现象值得深思。对于食品安全事件，各企业应当给予足够的重视，而且这种重视不能仅仅局限于事后的应对和研判，而且要在事前和事后从制度、人员、服务等各方面进行食品安全的管理和维护，从根本上消除食品安全形成的隐患，做到防患于未然。

第五章　当前我国食品质量安全 监管问题突出的原因

第一节　食品安全标准

食品安全标准是为了确保食品安全，对食品生产经营过程中影响食品安全的各种因素及各关键环节所规定的统一技术要求。长期以来，我国在食品领域存在的标准由农产品质量安全标准、产品质量标准及有关食品行业的标准等部分组成。到目前为止还没有形成统一的食品安全国家标准，在现有等各个标准之间又存在交叉、重复等问题，因为这些问题的存在，让许多企业不知道该如何执行，同时还因为我国的食品安全标准存在漏洞，所以很多企业就借着漏洞进行牟取利益，以次充好并且存在售假等行为。就目前而言，食品相关的国际标准比例我国等采标率还比较低，也存在很大的差异。其中，我国对于国际食品法典委员会采标率为12%，对于食品技术委员会采标率为40%，而对于联合会的标准采用率仅为5%。

目前，我国现有农药残留限量仅800多项，而国际食品法典委员会有3300多项，欧盟有14.5万项，日本有5万多项。例如，在2007年的多宝鱼事件的风波中，经过上海食品监管部门的数据调查显示，多宝鱼的采样标准中含有七种超标的物质，但是经过我国海洋渔业部门参照农业部门的标准进行检测后，多宝鱼中含有的物质全部合格。再例如，2001年，卫生部对我国的粮油等食品添加剂进行检测，监测的结果为，我国食品合格率为88.61%。而经过质检局在2002年再次针对其中的米、面、油、酱油、醋进行抽检和调查之后发现，达标率仅为 36%，而且进行抽检的结果中经过数据统计，有 25% 的厂家没有进行相关标准的执行，与 2001 年卫生部监测的结果数据相差非常之大。此次调查结果酱油等合格率为 31%，而醋合格率为 47%，最高的一个是大米，合格率为 85%。

有很多地方政府，对于食品安全的认识不够彻底，认为食品安全和食品标准并不是关系百姓生活和地方经济发展的大事，同时认为食品标准制定需要花费大量时间和金钱，所以很多政府并不愿意制定标准，同时也认识不到制定食品标准是推进食品发展和保证食品安全的首要任务。实际上，制定食品安全标准，是和地方的经济发展息息相关的。例如，地方政府可以根据地方的食品的特点，鼓励企业制定和国家相关的食品标准，从而提高企业的竞争力，提高企业在行业中的话语权，为了地方经济发展，为了更好地为百姓服务，这才是地方政府应该做的。龙头企业在参与地方特色食品标准制定的过程中，如果标准已经优先制定好的话，话语权就在别人手里，那么对于这个产业后续的发展和壮大是很不利的。食品标准制定的"关口前移"是为了做到源头治理和预防为主，形成食品安全"防火墙"，防范系统性风险。

第二节　法律体系

一　法律法规体系不完善，可操作性差

中国虽然现在对于食品质量安全存在几部相关的法律，例如《中华人民共和国食品卫生法》《中华人民共和国产品质量法》和《中华人民共和国农业法》等，在这些法律中，都对产品质量做了相关的规定，但是因为颁布的时间比较早，而且随着食品市场不断地发展和进步，其标准不断地变化，原有的法律也不能覆盖现有的食品范围。同时这些法律也不能够满足在当代的消费对于食品安全的要求，其法律和法律之间又存在相互矛盾和交叉，以及协调不一致等问题。

根据发达国家的监管情况来看，如果要实现食品安全彻底的监管就要有一部综合完整的法律，或者几个法律相互配合共同完成。但是，中

国还没有一套完整的法律或者几套法律互相配合共同作用。因为食品安全法的不健全，所以在食品监管的过程中，只能通过其他法律寻找相关的法律依据来解决问题。同时我国对于食品分类的规定内容也非常少，同时对于重要环节的监管法规也急需填补，真正地站在解决食品安全问题，为食品安全负责的角度去建立一整套等法律体系，从我国现有的几部法律来看，这些法律都还存在很多不成熟，而且对于规定和条例也比较多，内容之间有很多矛盾，在出现食品安全问题的时候，因为各个部门之间对于生产者和销售者的处罚和责任法律追究就不知道该如何执行，最终导致了安全问题出现后长期得不到真正解决。同时因为我国出台的法律内容过于笼统，同时对于细节的制定上还没有制定，导致法律最终很难实施和操作。

二　现有法律法规的系统性和协调性较差

目前，在我国有关食品安全的法律有《农业法》《产品质量法》《食品卫生法》，但是这三部法律之间存在很多的矛盾，也存在很多的不协调性。对于食品卫生与产品质量两部法律来讲，它们是两部单独的法律，但是因为两者之间存在很多不一致，导致了在执法的过程中执法人员无法进行真正的监管。我国类似情况的法律有很多，例如动植物防疫检疫法律存在这样的情况，我国的植物检测包括农业、林业和口岸检疫三个方面，对于这三个部分的工作由农业部、国家林业局和国家质检总局三个部门分别负责，三个部门分别展开各个方面的工作，导致法律出现不配套，而且有内容相互矛盾等现象，对于法律的尊严和权威性大大地打了折扣。

再如，对市场上发现没有经过检疫的猪肉，按《动物防疫法》第三十八条规定："已出售的没收违法所得；未出售的，首先依法补检，合格后可继续销售；不合格的，予以销毁。"而在《食品卫生法》第四十二条规定，"对未经检疫的畜产食品，已出售的立即公告收回。公告已回收和未出售的猪肉，应责令停止销售并销毁；还应没收违法所得并处以违法所得一倍以上五倍以下罚款；没有违法所得的，处以一千元以上五万元以下罚款"。国务院《生猪屠宰管理条例》第十五条规定"未经定点、擅自屠宰生猪的，由市、县人民政府商品流通行政主管部门予以取缔，并由市、县人民政府商品流通主管部门会同其他有关部门没收非法屠宰的生猪产品和违法所得。可以并处违法经营额 3 倍以下罚款"。三个法律文本，三种规定，三种力度不同的惩罚措施，必然给执法带来困难。

除此之外，我国在法律法规制定的过程中并没有对食品安全问题进行充分的考虑，所以在问题发生后，就很难按照人们的预想去解决和处理问题，而且这些法律不能够适应问题的现状。对于我国的《标准化法》就是这样的，我国的这部法律在制定的过程中就将重点放在产品标准和强制性标准上，对于农产品的产品质量都是作为推荐性标准存在的而要真正解决食品安全问题的话，应该制定强制性标准。

三　现有法律法规效力不够

第一个问题是我国的服务力度和执法力度不够，在很多发达国家食品安全问题时时刻刻受到关注，对于食品安全的法律法规制度也比较健全，当有商家存在食品安全的问题时，对于商家的处罚会非常严厉，在食品安全问题上，是采用重罚，来给商家予以警戒，特别是故意破坏食品安全牟利的商家，不仅要查封其生产的企业，同时也要求给予商家高额的罚款，让违规者不敢再犯食品安全的错误，让经营者感受到企业的发展和食品的安全问题联系到一起，食品安全就是企业安全，同时也要让企业意识到消费者的生命和企业的利益同等重要，甚至是生命的重要性高于企业的利益，提高经营者的思想境界。对于我国而言，现有的食品安全法主要有《中华人民共和国食品卫生法》《食品卫生行政处罚办法》，这两部法律与发达国家相比，对于食品安全的处罚比较轻，例如，在《食品卫生法》中有提到"违反本法规定，生产经营不符合卫生标准的食品，造成食物中毒事故或者其他食源性疾患的，责令停止生产经营，销毁导致食物中毒或者其他食源性疾患的食品，没收违法所得，并处以违法所得一倍以上五倍以下的罚款；没有违法所得的，处以一千元以上五万元以下的罚款"。相应的卫生部颁布实施的《食品卫生行政处罚办法》第九条规定："违反《食品卫生法》的有关规定，造成食物中毒事故或其他食源性疾患的，同时按下列规定处以罚款：①造成中毒或者疾患人数 10 人以下，有违法所得的，处以违法所得一至五倍的罚款；没有违法所得的，处以一千元至三万元的罚款；②造成中毒或者疾患人数在 11 人至 30 人，有违法所得的，处以违法所得二至五倍的罚款；没有违法所得的，处以五千元至四万元的罚款；③造成中毒或者疾患人数在 31 人至 100 人，有违法所得的，处以违法所得三至五倍的罚款；没有违法所得的，处以一万元至五万元的罚款；④造成中毒或者疾患人数 101 人以上或者人员死亡，有违法所得的，处以违法所得四至五倍的罚款；没有违法所得的，处以三万元至五万元的罚款。"处罚力度过轻，起不到惩罚作用。

第二个问题是由于配套法律法规未出台，一部分法律法规难以执行。虽然我国近年来加大了技术性法规的制定，如无公害农产品标准的出台等，但是其立法层次较低，大多数属于推荐性标准，作用有限。例如，由于相关的可操作性实施细则还未出台，《农业转基因生物标识管理办法》实际上很难推行。

第三个问题是由于技术支撑体系还未建立起来，有些法律法规难以实现。例如，检验检测方面的法规就是如此。

四　法律的执行过程缺乏规范化和持续性

目前，我国在打击假冒伪劣食品、促进食品安全的执行过程中缺乏规范化和连续性，往往是在出现了重大食品安全事件之后，由上级行政机关发布条文，进行一阵风式的检查、处理。当这场风过后，打击假冒伪劣食品的行动偃旗息鼓，在风头上隐匿起来的制假造假分子又开始重新行动起来，制假造假再度泛滥。这种缺乏规范和连续性的打击假冒伪劣商品的过程，使中国的食品安全问题泛滥，并陷入"泛滥—打击—暂时缓解—再度猖獗—再度打击"的怪圈，无法从根本上解决食品安全的问题。

第三节　监管职责

一是传统的监管手段与市场主体的多元化、商品营销方式的多样化、市场违法行为的复杂化不相适应，监管人员的基本素质和监管水平亟待进一步提高。

二是各地监管工作开展不平衡，对广大农村地区特别是村庄零售网点，由于一个工商所执法监管人员有限，一般只有 2—3 名执法人员，又缺乏交通工具，主要靠骑自行车巡查，而大都管理两个以上的乡镇，加之其他监管任务较多，食品监管存在很多盲区和薄弱环节。

三是无证、无照经营现象普遍，取缔工作困难。无证无照经营都是一些经营规模小、经营档次低的经营者，这些经营者主要是城市无业、下岗人员，农村家庭主要劳动力外出打工的"留守"老人、妇女，经济条件很差，甚至一间固定的经营门点都租用不起，无力达到获得卫生许可证和营业执照的条件，而这些人员往往就是靠经营一点小吃、摆个食品摊点维持生计。

四是目前市场上的假冒伪劣食品靠传统的市场巡查和感官鉴别已很难发现，必须抽样检测，但检测费用过高，抽检费用长期得不到解决，直接影响流通领域食品质量监管工作顺利开展。要保证食品安全、做到对食品安全隐患的早发现早预防，大规模的、反复的抽检活动必不可少，解决食品抽检费用问题是一大困难。而在农村抽检时，有些食品的进货量还达不到检测所需的抽样量和备份量。

五是食品安全监管工作要求经营户建立购销台账，实行索票索证等，属于企业自律行为，无强制措施保证，农村食品经营人员受安全意识和文化程度的限制，使购销台账、索证索票制度在实际推行中存在一定的困难。

第四节　食品安全事件应急体系

一　没有建立科学的食品安全事件应急体系

从近年来发生的一系列的食品安全事件如疯牛病、禽流感等可以看出，食品安全事件已经对我国的公共卫生安全，甚至对整个社会的稳定和经济的发展产生了重要的影响，极大地考验着我国政府对食品安全突发事件的处理能力，这是政府执政能力的重要表现。但是从我国目前来看，宪法中没有统一的紧急状态法，没有规定统一的紧急状态法律制度，有关紧急状态法没有清晰地规定政府可以采取的紧急措施，并且缺乏一些必要的行政程序，为政府随意扩大行政紧急权力造成了法律上的漏洞。

二 没有建立权威的危险评价体系

所谓的危险性评价，就是对科学技术的信息和不确定信息进行研究的一种方法，其评价主要是用来回答危险性的主要问题，危险性风险评估要求要有相关的资料作出评价，同时要有相关的模型给出判断，对于其不确定性的问题，要作出推理给予科学性的结论。因为我国目前的食品安全市场还不够健全，所以对于危险性评估的机构，很多部门没有做到机构存在的真正意义，当问题出现之后，没有统一将科学性和权威性等信息传递到外部，导致百姓在出现问题之后，不知道该相信谁，最终造成社会上的恐慌。

第五节 食品产业

由于食品市场多元化的发展形势，所以导致食品市场的生产经营者都存在很大的竞争压力，因为竞争压力过大，导致很多生产者和销售者铤而走险，以次充好从而获得自身的利益。

食品流通和消费领域是直接被消费者认知食品安全的重要环节。尽管我国大力实施了放心食品工程，但流通消费领域的食品安全隐患仍不容忽视。有的食品在外包装上未标全使用的着色剂、甜味剂和防腐剂等添加剂信息，有的产品名称不规范，有的产品没有标注净含量，有些食品外包装全部采用外文等，部分商家销售过期食品，少数农（集）贸市场卤肉熟食来源不清，索证制度未能得到严格执行。2010 年 12 月武汉市工商局和武汉市消费者协会联合公布食品抽检结果，198 个批次食品中有 20 批次不合格，其中某大型超市有 17 批次不合格。此次检查共抽样检测食品 198 批次，产品种类包括红酒、肉制品、面条、糕点、面粉、饮料、膨化食品、大米、粉丝、蜜饯等。其中，178 批次合格，20批次不合格。检查中发现，部分经营户销售的散装裸装食品，大肠菌群和菌落总数超标。主要的不合格项目包括熟肉制品和豆制品的微生物、酱腌菜的苯甲酸、糕点中的脱氢醋酸、大米涂渍油脂等指标超标。虽然面广量大的小作坊是导致食品质量安全问题频发的现实原因，但是大超市、大型农贸市场也并非食品安全的绝对净土。

同时，无证餐饮问题突出。街头、社区特别是学校周边无证饮食摊点数量众多，因其设备简陋、无餐具洗涤消毒设备条件等致使食品质量没有保证；部分工地食堂条件相当简陋，食品安全隐患严重。我国中小学校、托幼机构食堂卫生状况良莠不齐。少数学校对食品安全不够重视，有的连防蝇、防尘、防鼠等最基本的设施都不配备。部分学校没有严格遵守市卫生局、教育局关于不得将学校食堂转包他人等相关规定，变相转给无资质的主体经营并基本上放弃了日常的食品卫生管理。

我国食品安全在生产、加工与流通消费环节暴露出来的问题，从深层次看，源于我国现阶段工业化发展过程中产业发展与环境保护、生态治理不相一致的矛盾，源于全社会环境保护和食品安全防范意识不强。除此之外，相关职能部门职责不清，监管部门对食品安全突发事件缺乏应急处置能力，食品安全在体制机制、法规执行等方面，仍有未尽完善之处。

第六节 食品行业协会

食品行业协会推动行业自律，保障食品安全与该类协会的独立性、财政支持和公信力因素有着密切联系（见图 5 - 1）。

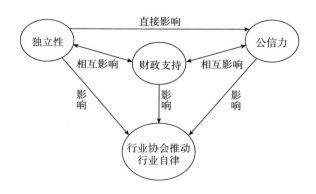

图 5 - 1 推动行业自律形成要素关系

一 食品行业协会的整体架构比较

我国食品行业协会发展仍处在起步阶段，食品行业协会的发展没有充分的法律支持，未如同德国一样形成"从农田到餐桌"系统而统一的法律体系支持其行业协会成长。我国食品行业协会在大类别上未有具体细分，仅有部分较为突出的行业协会如消费者权益保护协会、食品认证协会、食品质量检测协会、食品风险评估协会和食品企业行会等。虽然协会也有一定种类，但存在覆盖面不广、发挥功能不全等问题。

反观德国，食品行业协会的体系架构形成了三大类别和四大组织局面。在整个德国食品行业监管过程中，形成了检验评估、宣传交流和教育培养三大类别的行业协会体系，涵盖了整个德国食品流通过程；更因为食品行业协会的蓬勃发展形成了四大影响力较大的行业协会：商品测试基金会、联邦消费者中心联盟、消费者保护与食品和农业信息服务协会、德国营养协会。[1]

总体来看，我国食品行业协会的整体架构不全，未形成从"农田到餐桌"的整体性架构，也未形成民间较为认可的具有较大影响力的食品类行业协会。

二 食品行业协会发展的独立性比较

我国食品行业协会过分依赖政府，独立性不足。大部分食品协会挂靠在政府名下，甚至协会的部分职位都是由政府退休人员或相关有千丝万缕联系的人担任。这就导致了这类行业协会所持有的态度难以做到中立，要么成为政府的形象代言人，要么成为一个虚有其表的空壳。一些政府更是对行业协会的人事任免、财务账目均进行插手，死死地将民间协会理应拥有的权力攥在政府手中。这严重导致了食品行业协会的自治性极大削弱，无法有效代表群众利益，更无法谋取社会公众和食品企业的信任，导致其中立地位丧失，其协调和反馈信息的作用无法发挥。

而德国食品行业协会发展历史悠久，且大多自下而上由民间形成，并在民间资金的支持下不断成长，在体制和财政上都做到了独立于政

① 朱慧娴：《欧美食品安全监管体系研究》，硕士学位论文，华中农业大学，2014年。

府，既能充分代表整个食品行业体系，也能及时反馈消费者的问题。在德国，当经济环境和外部条件变化影响到食品行业利益，或者消费者利益受损反馈到食品行业协会时，该类协会就会立即采取应对措施，组织企业代表人和消费者代表人与政府、党派、议会和经济组织进行谈判，以求取得共赢的解决局面。其食品行业协会具有较大的独立性、自主性和主动性。

通过与德国食品行业协会比较，我国食品行业协会过度依赖政府，发展的独立性不足，往往成为政府行政权力的衍生，而未真正起到中立作用，民间认可度不高。

三 食品行业协会发展的资金来源比较

我国食品行业协会的主要收入来自于协会会员所缴纳的会费、政府的拨款资助和购买服务、团体或个人性赞助等。由于我国并未建立完善的"入行归会"制度，行业协会中会员的加入与会费的缴纳完全凭借该企业的自愿，会费缴纳额度低，且收取困难。会员由于对行业协会的不认可和会费缴纳的随意性等原因而长时间少缴或不缴纳会费。因此，我国政府拨款和购买服务往往成为我国食品类行业协会发展所依靠的主要收入，然而政府拨款和购买服务具有随意性和滞后性特点，往往是政府招之即来、挥之即去，收入不具有稳定性。随时可能导致我国食品类行业协会陷入财政困境，以致产生"蝴蝶效应"，导致我国食品类行业协会出现人才缺乏、专业性较弱、宣传不足等问题。

德国食品行业协会的实力雄厚，其资金来源基本不靠政府的补助支持，而是靠在强有力的"入行归会"体系下，向会员收取会费和提供有偿服务，在会费的收取上，德国食品行业协会实现了完全的自治，由行业内部商议，理事会决定收取的金额大小，各企业均不存在减免的问题。提供有偿服务是食品行业协会成长的又一关键举措。在国家对其资质认证过后，不同的食品行业协会便可提供诸如检验检疫、开展研究讲座和报告会以及提供职业技能培训和资质认证等服务活动；这些服务活动不仅是企业所急需的，更是国家维护食品安全有力的推动力；通过收取有偿服务费用，德国食品行业协会不仅扩大了自身影响力，而且确保了自身稳定的财政收入以维护其正常运转，起到一举两得的作用。

虽然我国食品行业协会的发展模式不同于德国的自养模式，但过多依靠政府拨款和企业赞助，独立性不足，财政收入不具有稳定性。且由于未建立完整的"入行归会"制度，导致我国食品类行业协会会费收取困难，全凭企业自愿。这便导致我国部分食品类行业协会沦为空壳，无法可持续发展。

四　食品行业协会公信力比较

由于我国食品行业协会的权力不足、服务不足和代表性不够等问题，直接导致了我国食品行业的公信力受到极大影响。首先是在政府授权方面，我国食品类行业协会大都依附于政府存在。比如中国认证认可协会，虽然在其协会章程中明确表明自己是由单位会员和个人会员构成的非营利性行业组织，却在最后强调了接受政府的管理和监督。大量这样的行业协会存在仅仅成为政府权力的再"衍生"，其自主权不足，代表性不够，无法得到企业认可；在服务方面，食品类行业协会很难做到切实为企业和消费者服务，多数协会仅为"空壳"，或收钱不服务，或想服务却因为种种利益限制，导致活动无法组织、会员的参与性不足；同时，与公众的互动较差。以中国消费者协会投诉平台建立为例，其虽然运用网络形式建立了这样的平台，但是服务和发展为空壳。该平台建立至今，几乎没有任何消息的更新，各大板块设立也无更新信息，最终沦为了所谓的"僵尸网站"。正是由于我国食品类行业协会在权力上受到限制、服务意识和主动性不足，导致企业和公众对其认可度极差，其仅成为政府权力衍生的代表，所谓的"二政府"。

总体来看，我国食品行业协会的一系列问题直接影响到其在企业和公众中公信力的建设。在国家帮助树立行业协会公信力和保证行业协会与公众交流保持透明性和独立性方面，我国食品行业协会的发展均可学习借鉴。

五　食品行业协会推动行业自律情况比较

我国食品类行业协会的行业自律由于独立性不足、财力不足和公信力严重缺失最终导致整体上自律机制难以形成。我国食品类行业协会权力不足，自律公约不能如同德国的行业协会一样可督促企业遵守，仅具有建议性，不具备可执行性；同时，我国食品行业协会却很难借助公众舆论，其设立的激励奖惩机制往往都需与政府扯上关系，这便导致食品类行业协会很难自身独立做出惩罚决定；而且，仍是由于"入行归会"制度的缺乏，食品企业自身对行业协会认可度不高，即便仿效德国，将违规企业开出会籍，对其在业内的影响也不大。

德国食品行业协会在推动行业自律方面成果显著，且全面配合政府对企业的检验监管行动。该类协会经过德国政府评估认可过后，便可以对食品行业中的大量问题进行自我检验，并且及时向公众发布评估报告，以公众舆论来对企业施加压力。德国检验评估类协会充分与各州的政府监管行为密切配合。食品行业协会在该行业内部严格督促企业遵守国家按照 EU 882/2004 指令基础上所指定的食品行业检验操作标准。在每周的随机检验中，或自身成为政府指定的检验鉴定单位，或组织督促从业者送检 2—3 次样品；当送检样品出现问题时，其不仅及时通知送检单位，更在行业内进行通报，以督促从业者更好地进行行业自律。通过将我国食品行业协会发展的独立性、财力情况、公信力和行业自律与德国的发展进行比较，可发现无论在哪一方面均存在相当的差距，且这几大因素一环扣一环，相互影响，最终导致整体的食品行业协会发展畸形，不利于我国食品安全监管工作的有效开展。

第七节　新闻媒体

长期影响我国食品安全监管工作的一个很重要的因素还有新闻媒体的报道和舆论引导。近年来，经由媒体曝光的大部分食品安全事件其实并不能称为食品安全事故，而只可称为事件。其所涉大部分食品并不足以对公众健康造成损害。但由于部分公众的食品安全知识缺乏，识假辨假能力不强，加之个别媒体特别是网络媒体，对于某个食品的揭露性报道和各种消息、传言，社会责任感缺失，不经核实或者不太严谨地加以放大，甚至盲目追求新闻效应，对报道涉及事实的真实性、准确性、专业性不负责任，任意夸大炒作，误导消费者，会在短时间内引发公众的信任危机，由此产生不敢购买、不敢食用、不敢消费的恐慌心理。如雀巢奶粉碘超标事件、"苏丹红"事件等，主要错误表现为错将被致癌物污染的食品等同于致癌食品或将不合格的食品等同于"有毒食品"等。消费者也对食品安全存在诸多误解，典型如要求食品安全"零风险"，实际上消除一切食品安全风险既不现实也不科学，而政府的监管职责只在于降低食品安全风险，使其控制在"可接受"的水平，以达到维护公共健康的目标。①

　　综上所述，从食品安全问题产生原因来看，作为一项系统工程，食品安全监管需要全社会各方共同参与，形成监管合力，特别是食品安全违法犯罪更是生产经营业态复杂，往往已经形成跨部门、跨系统、跨区域的犯罪利益链条，只有针对各个环节、各个企业、各个场所，组织动员多方力量，多管齐下，深挖彻查，铲除窝点，才能从根本上消除食品安全隐患。

---

　　① 李鹏：《当前我国食品安全监管存在的问题与对策研究》，硕士学位论文，河北师范大学，2013 年。

第六章　世界主要发达国家的食品安全监管机构和制度

　　许多国家都在积极探讨建立一个组织协调、运作高效的国家食品安全管理体系。将食品生产链条的管理交由一个能胜任的、自主的机构来完成，有可能改变食品安全管理的途径。这类机构的角色是建立一个从国家角度出发的食品安全管理体系。

第一节　美国的食品安全管理体系

　　美国在"21 世纪食品工业发展计划"中将食品安全研究放到了首位，美国的食品堪称是世界上最安全的，但由于食品工业的迅猛发展及食品生产、加工、包装工艺的复杂性和美国食品中依赖进口的比例逐渐加大，故美国仍面临着较多的食品卫生与安全问题。

　　美国食品安全体系是基于权威的、灵活的、有科学依据的联邦法律和产业部门生产安全食品的法定责任之上的。联邦、州、地方各级政府在管理食品及食品加工等方面分担着各自相互依赖的食品安全管理角色。这个系统以下列原则为指导：一是在市场中出售的产品必须是安全的，并且可以提高人体身体健康的食品；二是食品安全决策公布之后一定是要有相关的依据的，能够有科学的证明；三是政府在对于食品安全的监管方面具有强制执行的责任；四是在食品生产到销售的整个流程中必须遵守规章制度，出现问题后要承担所有责任；五是在执法的过程中，执法人员的执法信息必须是透明的，并且是可接触的。

　　食品安全问题发生后，是否可以提供科学的风险分析，是美国食品安全决策中非常重要的流程和惯例。美国的食品安全法律、法规和政策是基于风险分析之上的，并使预防措施与之融合。

美国的食品安全管理部门对总统负责，对国会的监督权威负责，对法庭调查及执行活动负责，以及对公众负责，通过与立法机构交流、评论拟订的法规，以及对食品安全有关重要议题发表公开言论等途径，他们有权参与法规和政策的改进。

对于消费者能够提供保障的联邦管理组织主要有以下几个部分：一是食品安全检查局，二是食品和药物管理局，三是在进出口的保护上进行检查的机构组织，动植物检疫机构和环境保护机构，同时在海关检查的过程中，财政部也会给予配合，完成对于可疑物品等检查和扣押等工作。这些组织本身就具有完整的体系，能够独立地完成突发状况的处理，对于预防和监控、研究等工作都有一整套体系。同时美国在食品安全监管中其他的部门也有一定的职责和意识，例如刚刚提到的食品和药物管理局，管理局包括卫生与公众服务部，其中卫生与公众服务部又细分为健康和疾病控制预防中心（CDC）和国家卫生协会（NIH）；还有农业部门、教育推广部门等都有标准制定和监管职能。

除了食品安全与检测机构（FSIS）管理的领域之外，食品和药物管理局（FDA）负责保护消费者抵制不洁、不安全和贴有欺骗性标签的食品。

食品安全检查局有责任确保肉类、禽蛋等产品的安全、卫生和正确标识。环境保护组织（EPA）的任务则负责保护公众的健康和环境不受农药的危害和灭害方法改进的安全性。如果食品含有添加剂或农药的残留量不符合环境保护组织标准或杀虫剂的残留量没有达到环境保护组织的标准或超过其标准，这些食品都将在美国的市场禁止销售。动植物检疫机构（APHIS）在美国的食品安全系统中的主要职责是：保护动植物，抵制病虫害。食品和药物管理局（FDA）、动植物检疫机构、食品安全检查局和环境保护组织（EPA）都是运用现有的食品安全和环境保护法律管理植物、动物和食品及作为生物技术结果的食物。

有关食品安全的法律主要有 6 部法律，其中包括《联邦食品、药品和化妆品法》《联邦肉品检查法》《禽类产品检查法》《蛋制品检查法》《食品质量保护法》和《公共健康法》。

第二节 欧盟的食品安全管理体系

欧盟自 2002 年以来，在食品安全监管方面，主要采取了以下的措施，一是成立了欧洲食品安全局，安全局可以对欧洲生产的食品的各个环节以及销售的环节进行监管；二是成立了对于食品安全监管的食品安全法，可以加强对食品的监管和管理；三是成立了预警系统和预案措施，对于突发事件可以给出快速处理的决策。

一 关于《欧盟食品安全白皮书》

食品安全和群众的生活息息相关，所以为了恢复消费者对于食品安全的信息，同时为了保证在市场中所销售的食品的卫生及安全，欧盟对食品卫生与安全管理制定了基本的法律法规和相关的事项流程。例如，2000 年、2002 年，欧盟分别公布了《欧盟食品安全白皮书》，并且成立了欧盟食品安全局，同时颁布了相关的指令，在第 178/2002 号指令中提到了食品安全法规等基本规则和处理流程。

经过不断调整和完善，欧盟现在已经建立了一个相当完整的食品安全法，包括了食品从生产到经营到销售再到群众餐桌的整个食物链的监管，在整个食品链中，形成了以食品安全白皮书为核心以及法律并存的安全法规。但是由于在立法和执法方面各个成员国标准不同，所以导致欧盟的食品安全法规标准还存在一些复杂的情况。迄今为止，欧盟现有食品卫生监管的法律标准 173 个，共分为 13 类，其中，指令 128 个，这套体系也随着市场的变化逐渐完善。在欧盟食品安全法律的框架下，各个成员国，例如英国、美国、丹麦等，也形成了一套自有的法律框架，这些法规和欧盟的法律不是完全相同的，主要是根据自身国家的情况而制定的。

《欧盟食品安全白皮书》（以下简称《白皮书》），一共涉及 116 项关于食品安全与卫生方面的详细解读和问题处理的方式方法，通过《白皮书》的详细阐述可以对食品安全问题提供可实施的方案和科学性的指导。《白皮书》提供一整套食品链的安全体系，这套体系是从农田开始，包含动物的饲养、动物的健康，在动物生长的过程中对于饲料的使用，以及动物体内是否有药物残留等都做了相关的规定，对于农副产品的监管也是如此，对于产品的包装、添加剂的情况都有相关的规定。

在《白皮书》中最重要的一项内容就是关于欧洲食品安全局建立，食品安全局建立后主要负责的内容是食品安全风险评估，同时对于食品安全中信息的流通提供保证。建立一个食品安全管理和控制程序，需要包含食品卫生安全等所有的安全信息，能够起到追踪和应急的作用，欧洲食品安全局一共由 8 个专门的科学小组组成，其中包括管理委员会、行政主任、咨询论坛、科学委员会等。除此之外，《白皮书》还详细地介绍了食品安全管控和消费者信心等方面的内容。在《白皮书》中所有的标准都是高标准，但所有的内容都是公开的、透明的，而且信息非常清晰明了，方便实施者操作，这样的一整套体系为消费者提供了保障和信任度，这也是欧盟食品安全法律最根本的目的。

178/2002 号法令主要包含了食品法律的一些基本要求和原则，是除了《白皮书》之外又一个重要的食品安全标准。在法令中包括了 20 多项内容，其中包括对于食品法律、商业食品风险控制以及分析等概念的详细介绍。

欧盟的其他有关食品安全法律也对农产品卫生与安全方面规定，其中包括《通用食品法》《食品卫生法》《添加剂、调料、包装和辐照食物的法规》等，除此之外，欧盟理事会和欧洲的会议中提出的相关内容，都会经过欧委会等相关机构共同审批，最后形成规定。例如，对动物饲养安全、转基因信息的管控、添加剂和调味品等方面的法律。

2000 年以来，欧盟对食品安全的条例进行了多次的修订和更改，例如以食品卫生和安全为例，欧盟召开了多次会议，对这部分内容进行了数次的修订，修订的基本原则还是依照从农场到餐桌的综合治理链条为标准，进行具体的规范和管控。

二　关于 2006 年实施的三部食品卫生与安全新法规

2006 年 1 月 1 日，欧盟实施了有关食品卫生安全的三部法规，即有关食品卫生的法规 2004/852/EC；同时也规定了动物源性食品特殊的安全规则法规 2004/853/EC；除此之外，还规定了消费者动物源性食品官方控制的特殊的规则，如下，2004/854/EC。

1. 关于食品卫生法 2004/852/EC

此部法律包含企业经营者有责任保护食品卫生的安全，总结后主要包含以下几点：①食品安全主要责任是来源于食品安全的源头，所以企业经营者承担主要的责任；②从食品进料最原始的问题开始就要保证食品安全卫生，要实现从生产到百姓的餐桌一整套食品链都是安全卫生的；③整体实行 HACCP；④通过建立微生物准则和温度控制食品安全卫生的要求；⑤保证要使进入 V1 食品符合欧洲标准或与之等效的标准；⑥在法规中提出了两项基本的任务，是由官方进行监控和管理的，这两项任务包括：一是严格要求和监管标识管理和食品管理，保证消费者的权益；二是要通过不断监管来减少或者是取消人或者动物在环境方面造成不利的影响。

2. 动物源性食品特殊卫生规则的法规 2004/853/EC

这个部分是主要包括动物源性食品的相关的标准和执行的目的，内容如下：①动物源性食品必须使用可以饮用的水源进行清理；②对食品生产和加工的设施必须要得到欧盟的批准和注册；③食品必须要张贴特有的标识以进行辨别；④只能进口欧盟认可国家的动物源性食品。

3. 动物源性食品官方控制的法规 2004/854/EC

该法规规定了官方组织对于动物源性食品实施的特殊规则，其主要内容包括：

①欧盟成员国官方机构对食品进行监控时的一般原则；②对于未按照企业注册地标准投放到市场的食品，进行严厉的处罚；③对肉、双壳软体动物、水产品、原乳和乳制品的专用控制措施进行了详细的阐述；④对进口程序进行了相关的规定，例如在流程上表明了允许进口的第三国或企业清单。

4. 对于欧盟修订和新出台的法规，分为以下几点：

①加强食品安全的检查流程；②提高食品市场产品准入的标准；③对食品经营者的管控和责任有了相关的监管机制；④欧盟对于食品安全的新监管不仅将目光放在市场的经营上，而且更加注重了食品生产过程中的安全，在符合市场准入的条件下，对于产品的生产、制作、包装等流程进行了具体化标准。特别是针对动物源性食品的安全标准，不但在产品终端上进行了限制，而且在产品的整个食品链中都增加了监管的

机制，要求在每个环节中都要符合相关的法规。

欧盟将食品安全管理的核心放到了风险管理的原则和基础管理层面，实现了从农场到餐桌的整个流程的监管，同时也实现了以预防为主，责任为主体的原则管理理念。

三　《欧盟食品及饲料安全管理法规》

于 2006 年 1 月 1 日开始，这项法规有两方面的作用：一是对内功能。要求所有成员必须遵守规定，所有进入欧盟市场的产品都必须有欧盟市场的准入权，才能够有准入的资格；二是对外功能。欧盟以外的国家，如果要想准入欧盟的市场，也要符合此项新的食品法规的要求，否则不允许准入。

欧盟为什么会出现如此严厉的法规？原因主要包括以下几点：一是为了保证在欧盟市场购买产品的消费者更具有安全性，能够为消费者提供更加安全可靠的食品；二是加强和简化了原有的流程，提高了办事效率；三是依法赋予了欧盟委员会全新的权力和法规，可以保证欧盟能够实行更高的食品安全标准，也可以展现欧盟的权威性。

该项食品安全法，有几个值得我国关注和学习的地方：一是新的食品法简化和清晰了监管的机制和流程；二是减少或者取消了安全监管流程的漏洞，强化了食品安全检查的技巧；三是提高了食品准入的标准，给生产经营者赋予了责任，减少了市场上的风险性；四是增加了欧盟责任职责，对于生产经营起到了管控的作用，欧盟增加了食品生产安全；五是强化了食品安全管理流程，特别是动物源性食品，新型的欧盟法规要求，必须在生产销售的整个流程中，完全符合标准才允许准入。

欧盟在食品卫生和安全方面，最主要强调的一点就是食品卫生与安全要从整个流程抓起，从源头开始控制，让消费者能够吃到更安全、更放心的产品。

第三节　日本的食品安全管理体系

一　食品安全的法律法规体系

日本食品安全法律由两部分组成，一部分是基本法律，另一部分是一系列的专业法律，其中基本法律包括《食品卫生法》和《食品安全基本法》，而专业法律则包括《农药取缔法》《肥料取缔法》《家禽传染病预防法》《牧场法》《水道法》《土壤污染防止法》《农林产品品质规格和正确标识法》《植物防疫法》《持续农业法》《改正肥料取缔法》《饲料添加剂安全管理法》《转基因食品标识法》《包装容器法》等内容，其中，《食品安全基本法》《食品卫生法》经多次修订，于 2006年，正式将《食品残留农业化学品肯定列表制度》列入食品安全的范围内，在此制度中明确指出，禁止含 15 种农药、兽药，对于残留限量标准的统一规定标准为 0.01 毫克/千克，健全了食品安全体系，同时根据欧盟的相关标准，日本也颁布了相关的基本法规，科学有效地评估食品安全问题。

二　食品安全的监管机构与制度

日本负责食品安全监管的部门主要由三部分组成，包括食品安全委员会、厚生劳动省、农林水产省。其中，农林水产省的主要职责是，控制食品安全风险的扩散，对食品安全风险的问题进行评估，同时对其他两个部门进行监管指导和决策，对于风险评估的信息使沟通和共享及时有效。日本的食品安全委员会一共由 7 名专家组成，是通过国会批准，由日本首相进行任命的，此会员一共分为三个专家组，第一个专家组是化学物质评估组，第二个是生物评估组，第三个是新食品评估组。以上三个评估组分别对其所掌控的范围进行评估。例如，化学物质评估组，就要对食品的添加剂、农药包装、化学物质、污染物等进行评估。

日本的农林水产省和厚生劳动省都有着自己完整的安全监管体系，其中全国共有 48 个市，共设置 58 个食品检测机构，这些机构负责农产品的检测和风险的评估及鉴定，将各级政府允许准入到市场中的食品进行鉴定监督和管理。日本农林水产省也有相关的消费技术服务中心，一共分为 7 个部门，其主要的职责是负责食品安全的调查与分析，并且受理消费者的投诉，对于有消费者投诉的行为给予处理，同时还配合企业完成有机食品的认证，和地方的农业服务机构相互配合，收集相关信息给予监督指导，形成和欧盟统一的从农田到餐桌的整套流程监管体系。

第四节　澳大利亚的食品安全管理体系

　　众所周知，澳大利亚是一个联邦国家，联邦政府将负责对食品的管理，在进出口的食品中，由联邦政府负责安全检疫状况，确保出口的食品符合出口国的标准和要求，而国内各政府的食品安全由当地的政府负责管辖，澳大利亚各州的政府有自己的食品法，由当地的政府负责监管和执行，目前在联邦政府中，负责食品监管的部门一共有两个，卫生和老年关怀部下属的澳大利亚新西兰食品标准局（FSANZ）；农业、渔业和林业部下属的澳大利亚检疫检验局（AQIS）。

　　澳大利亚新西兰食品标准局的前身是澳大利亚新西兰食品管理局，其管理局是由澳大利亚和新西兰两个国家联合组成，其中主要的职责是负责澳大利亚和新西兰两个国家的食品管理，管理局中的规定由澳大利亚和新西兰两个国家统一协商制定而成，现有的澳大利亚新西兰食品标准局主要负责两国的食品标准法典，同时还负责澳大利亚与其他国家或地区合作的食品监控，食品安全的召回及相关问题的研究，澳大利亚州、地区，以及政府合作之间的食品安全的宣导和教育工作，同时标准局还负责制定，包括在食品标准中工业的操作规范，为工厂提供标准化的操作流程，对进出口食品的安全进行评估。

　　澳大利亚的检疫检验局，是由原来的澳大利亚农业卫生部、检疫部和出口检疫局组成，澳大利亚检测局的主要职责是负责进出口岸食品安全的检查、出口，以及澳大利亚和各国之间的国际网络关系的处理。

　　此外，澳大利亚还设有一些与食品安全相关的其他机构，如澳大利亚国家农药和兽药注册局、澳大利亚基因技术执行长官办公室、澳大利亚可持续农业协会等。对于澳大利亚地区的农药兽药的评估和监测，是通过澳大利亚农业和兽药注册局完成；而对于转基因食品安全性的监测是由澳大利亚基因技术执行长官办公室进行负责；对于有机产品的认证，是通过澳大利亚可持续性农业协会进行负责监测。

第五节　加拿大的食品安全管理体系

加拿大食品安全监管采取的是分级管理模式，是各个部门和政府之间相互配合、广泛参与、共同完成。而负责一级食品质量安全管理的机构是农业部及下属的食品检测局和卫生部。这两个部门分工明确，相互合作，各司其职。

农业部及所属食品检验局负责食品的安全卫生监控。卫生部则负责加大对加拿大出售所有食品的安全质量标准，以及相关政策的制定。食品安全标准制定、进出口检疫、食品的标签标识、农药残留，以及转基因技术的发展监管则需要两个部门协作完成。

除此之外，加拿大各个地区的专家、各个部门的委员会，各种检测机构，也都有参与食品安全工作的机会，也可以参与到食品安全监控和管理之中。

第七章 加强我国食品安全监管体系建设的对策建议

　　食品安全是关乎百姓生活的重要问题，是各个国家关注的核心内容，也是世界性的难题。那么，对于食品安全，中国应该如何做出回应？中国食品安全的出路在哪里？是我们要持续关注的问题。

一　建立权威、统一、高效的食品安全监管法律体系

　　第一，健全相关的监管体系，各级政府机构和企业负责人都要进行把关。当地的政府要将食品安全监管的责任方在首位，要严格执行考核制度，同时要实行投票制度，采用"一票否决制"的方法来进行监管。各级政府部门要起到主导作用，将监管的边界和责任进行划分，要将管理任务清晰化，做到事情的权利和责任根据事情的严重程度来决定，执行的人员根据事物来进行分配，这样才能够对监管的对象和监管的事项完全的掌控。对于监管过程中的遗漏问题要做到以下三点："权随事设、责随事定、人随事走"，同时对于根本的问题也有注重，食品的问题最终是来源于生产商，所以对于企业来讲，要担任其食品安全的生产责任，将食品安全和企业的发展联合到一起，如果有违背食品安全的行为，让任何一个企业都不能够承担起影响的代价，这样的话才能够彻底地让企业重视食品安全问题。同时，各级政府要把食品安全问题列入日常会议和考核中，针对县级以上的单位要成立相关的食品安全小组，对于这个小组要明确责任，同时要完善协查的责任追究制度以及案件的处理以及举报制度等，同传统的机械式工作的方式改善成政策协商的制度，这样可以结合各个部门进行协商，可以有效地解决更多的问题，对

于一些地区出现的"政府主导，企业跟随，协管监管、安全第一"的模式是指学习和借鉴。

现在面临的最主要问题是要加快食品安全的顶层设计。食品业的发展比较迅速，所以食品业态也是千变万化，食品安全工作的任务比较繁重，要完善的地方也非常多，对于现有领域的法律空白应该尽快地填补。对于国家而言应该站在食品安全的顶层设计和总体的位置进行对于各个地方进行指导和政策的下达，中共各有关部门配合完成相关的规章制度，规范在食品安全中出现的各种监管的条令，例如约谈、"区域限入"、食品安全信息在网络上的发布等，进而可以加快地方监管部门改善的步伐，在各地方要侧重法律的制度完善，省级人大常务委员会也明确地说明了对于各地区的小商小贩和小作坊的一个监管职责，对食品安全的责任和边界问题进行了有效的区分。目前，上海等地已经通过人大立法明确了各部门对食品生产经营"五小"的监管职责。从某种意义上说，体制问题对于监管绩效的影响最大。因此，完善监管体制不是应该，而是必须。

第二，建立扁平化管理机制，将基层任务放在首要的工作中，将监管力量也重新进行整改，要实行正三角形的管理形态，将所有的监管力量都倾向于基层，将生产和市场一线的监管对象和监管事项，统一改变成扁平化的监管机制，管理方对于人物和机构经费、装备、职权、责任等监管都有具体的人落实，真正做到责任监管，从基层抓起，从一线抓起。

同时，还要将食品安全工作纳入社区的建设和管理考核中，食品安全最重要和薄弱的环节就在于基层的建设和管理，要想真正地监管食品安全，需要从基层做起，彻底地保证城乡社区的食品安全，必须要强化食品安全管理和服务力度。政府、相关的机构要给予一定的配合，建立综合的服务监管平台，同时也可以将重点放在教育的人群上，可以在学校中，对学生进行教育，宣导学生要抵制学校周边的小街小贩的食品，并且引导家庭主妇在选择购买食品或者是菜品的地点上，要选择正规的商贸市场，或者是农副产品市场进行购买。

除此之外，对于特殊的人群而言，例如收入较低的老人，或者是出外打工的流动人口等，也要对其进行照顾，可以对这些人群给予补贴，同时也要对这些人员进行食品安全普及，可以联合政府完善社会标准保障，对于物价上涨的形势给予合理的控制。因为城乡、乡镇都是食品违法犯罪发生比较多的地区，监管部门必须利用充足的资源，对于这些地区进行监管，尤其是小作坊、小餐饮、街边摊经营情况要更加重视。笔者曾多次到基层调研，对社区村民委员会内设的食品药品安全监管室进行了调查。农村面临的食品安全问题集中在流通环节，比如一些边远山区商品流动慢，小店贩卖过期食品。照理说，农村居民可以向镇工商所或者县区食品监管部门投诉来解决问题，但由于其对食品安全的专业知识并不了解，有时候发送一些不太准确的信息，因此村里面设的监管室作为"守门员"来甄别信息，主要是收集利民的食品安全投诉举报信息，汇总核实后将信息传递给有关部门。这一方面有助于收集基层食品安全信息，另一方面能够提高监管部门的工作效率。

第三，将中央和地方的关系清晰化，国家层面应该负责产品食品安全的顶层设计总体的指导。将力量集中在法律法规的建设和监管的机制上。国家应制定长期有效的监管机制以及相关的财力和技术保障，同时应该进一步加大"块块"管理的事权。而对于地方政府而言，应主要负责食品监管工作，地方的监管工作要职责明确，对于划分事权上，应该将传统的"条条"转变为"块块"，也就是将单个积极性转变成多个积极性等形式。

与之相关的是地方政府之间的合作。食品安全的管控存在很大的难题，其中主要的问题就是：食品以及药品存在比较大的流动性，简单来讲就是，例如从甲地生产的食品，经过经销商的推广之后，会销售到全国各地，食品的空间性和跨地流动性比较大。例如之前发生过的海南"毒豇豆"事件就存在空间性，因为风险的成本外溢情况，会存在很多地区自我保护意识过强，并且存在机会主义心理。在处理风险问题的过程中，忽略了合作的作用，所以在解决问题的过程中就会出现食品安全的漏洞。监管边界不清楚，无法彻底解决问题，经过相关监管部门的探索发现，如果通过区域合作，解决问题的效率就会提高，食品或者药品管控的风险也会降低，珠三角九省区食品药品监管部门就是通过"区域合作"等形式来处理食品安全问题的，同时也取得了不错的成绩。京津冀三地启动跨区域餐饮服务食品安全事故卫生应急处置协查联动机制，建立协同调查机制，明确事故调查以可疑责任单位所在地的监督管理部门为主，发病人员所存地监督管理部门协助的原则，必要时两地或三地可共同召开专家评定会，双方或三方应进行资料交换。

第四，建立一个分类监管的改革点，将食品安全和食品药品监管合并，然后组建一个可以能够办实事的工作机构，这个机构要统一由国务院进行管理，国家在组建成立后，要由各级政府和机构进行监制体制改革，建立一个高效的、透明的试点，这样的话可以避免内容交叉混乱，同时也可以简化工作的流程，对于分工和职责不明确的问题也能够得到彻底解决，这样就能够全面地覆盖食品监管职责，可以加快食品安全问题的综合治理。

由于历史原因，我国公共安全领域基本形成了"1 + 1 + N"的工作格局，也就是一个委员会统筹，一个办公室协调，多个部门具体负责。加之改革开放以来公共安全管理体制多次变迁，政出多门、职能交叉的问题较为普遍。比如社会治安综合治理、安全生产、应急管理都是如此，食品安全也同样，现在各级政府有食安委，下设食安办，卫生、食药、工商或经贸部门负责综合协调，各个监管部门各负其责。体制不好改，可以先改机制。例如，北京、湖南、辽宁等省份都成立了相关的食品药品案件侦查支队，对食品药品进行监管，这些方法都是值得借鉴的。

二　严格食品安全法律和法规的落实

攻破以下几个难题，第一是政府要对资金进行整合，要解决政府各个部门对于责任分工不明确，互相牵制的情况，进行整合后形成一个统一的、高效的体系。利用绩效和科学的管理模式进行管理，改变原有的混乱的管理局面，要做到出现事情之后，能够真正有人去分析和解决问题，能够彻底地将问题透明化，有依据、有可信度。第二是要建立基层的监管主战场，基层的技术和队伍一定要有过强的综合素质，能够做到出现问题后这些战士就能够第一时间冲到战场上为食品监管做出贡献。

各级部门以及社会上的各级机构要发挥自身的优势，统一配合，共同完成食品安全社会共治格局。政府部门要呼吁广大社会群众和部门参与到食品安全的工作中，让企业有自身的防控意识，有"共治共享"理念，让企业认识到企业的存亡和食品的安全问题同等重要。还要让社会舆论的传播者能够提高自身的道德素质，对于问题出现后不能够夸大问题效应，对于消费者产生恐慌的现象，应该正面面对问题和报道问题，应该和政府和相关部门统一口径报道正确的科学性观点。最后是要将执法者的工作实施考核机制，让执行者能够重视食品安全问题，让食品监管的推广能够顺利地进行，所有的干部都参与到其中，起到带头作用。

　　能力建设中很重要的一点是信息体系建设，从而畅通消费者食品安全诉求表达渠道。食品安全事关人民群众切身利益，是容易引发社会矛盾的领域。因此，要积极拓宽消费者诉求表达渠道，防止其将食品安全问题直接诉诸媒体曝光，从而影响监管部门正常工作乃至社会和谐稳定。可以考虑将食品卫生信息报告纳入基本公共卫生服务项目，借鉴传染病疫情报告制度的经验，实现基层食品卫生信息实时直报。有必要说一说，国外有学者专门研究一个问题：为什么中国能有效防范 SARS 这样的传染病疫情，但无法遏制食品安全事件？他们的研究结论很有意思，全国范围内的传染病疫情网络直销系统可以在很大程度上解决地方政府的瞒报、迟报，例如当 2004 年"非典"疫情再次出现时，中央政府可以及时发现病情并花费最少的医疗资源来进行有效控制；相反地，在"阜阳奶粉"和"三鹿奶粉"等食品安全事件中，新的协调方式并没有解决政府不同监管部门间的利益冲突，也没有解决地方政府和中央政府之间的利益冲突。可见，信息报送制度有助于中央政府掌握各地食品安全的准确状况。在完善信息报送制度的同时，建立相关的奖惩制度，对于群众有关食品安全的举报，应该给予奖励机制；对于群众反馈的问题，应该有相关的部门对其进行解答，回答的问题一定是公开的、透明的，并且是可以帮到消费者解决问题的。如发现有违规的企业，一定要严厉惩罚，让企业不敢再次接触食品安全的高压线。除此之外，政府机构可以应聘一些专业的人士，对食品安全信息进行收集，从而方便对食品安全问题的分析和处理，可以有效改善流程上的漏洞，对食品安全体制标准的建立提供意见。

三 加强食品安全监管绩效评估和结果应用

（一）建立食品安全信用奖惩机制

有必要建立食品安全信用体系，这样可以提高企业的竞争力，食品安全信用体系较高的企业，具有一定的经营权，可以在食品企业中起到带头的作用，同时，食品安全信用体系的建设也可以提高百姓对于企业的信任，提高食品安全的信度。

站在经济发展的角度来分析，安全信用体系的建设，也是加快我国社会食品生产经营企业转折的一个必须要经历的过程，食品安全关系到广大群众的身体健康和生命安全，信用体系的建设之举是适合我国新时代新型食品安全管理机制发展方向，有利于促进企业的竞争力，促进经济的增长；同时，信用体系的建设也可以促进我国进出口贸易的展开，最终可以提高国家经济的发展。

（二）建立食品安全有奖举报机制

食品安全保障必须要实行公开化，要求全民参与。目前在我国的市场上，假劣伪冒产品在市场上屡见不鲜，并且我国的监管部门存在一定的空缺，如何调动社会各界人士参与到食品安全检测的工作中，为百姓和消费者提供健康卫生的产品，是各级政府应该考虑的核心和首要的问题。近年来，各地食品安全综合监督部门，为了保证社会上食品安全，减少控制违法犯罪的行为，提高食品安全监管质量，已经推动了各级政府出台了相关的鼓励政策，鼓励社会各界人士可以举报违反食品安全的行为，有效地对国内食品进行安全监管。

食品安全有奖举报制度主要包括举报奖励管理机关、举报受理程序、举报奖励情形、举报奖励条件、举报奖励级别、举报奖励额度等内容。

（三）建立食品安全绩效评价机制

国家食品药品监督管理局履行综合监督职责后，面临的突出问题是，如何把握好职能定位，尽快找到突破口，占领制高点。如果说，实施食品放心工程是食品安全综合监督工作的突破口，那么，开展食品安全综合评价则是食品安全综合监督工作的制高点。食品安全综合评价的实质是对食品安全管理的综合监督。

食品安全综合评价，在工作内容上比较复杂，它不同于单环节、单部门的审核，是要对不同地区、不同城市、不同的食品分类，进行综合的绩效评价。而且在评价的内容上，要体现出综合绩效指标；在评价的对象上，要综合进行，针对块制绩效考核以及条件制绩效都要进行综合考虑；而在评价方法上，既要有定性的评价，也要有量性的评价。

食品安全综合评价涉及很多的制度内容，所以，此评价要有科学性，要在评价内容、评价方法以及评价的方向上进行综合的考量才能够发挥出其作用。综合评价的内容要包括食品安全保障上，所获得的成绩和效果，要将政府在此方面做出的改善也要包含到其中。目前，政府所做的工作，主要包括治理成本、发展方向等，我国食品产业的产品治理，正在走向从传统化向新型化的转接阶段，综合评价体系的设计中应该全面地体现出安全治理的发展方向，能够为食品安全监管体制改革提供新的保障。

通过综合评价工作的开展，可以让各个部门之间找出工作中的不足，促进食品安全监管的进步。对于在综合评价中表现优异的地区和部门应当给予一定的奖励，对于表现比较差的城市部门应该教育其向优秀的部门地区学习和借鉴相关的经验进行综合的改善，并且要求这些部门提供相关的改善计划和改善时间，要坚决按照计划执行；安全综合评价的最初目的是为了鼓励和鞭策，部门将食品安全的工作重点抓实抓紧，能够为群众提供真正的健康的卫生的产品。

四　建立健全食品安全技术法规体系和风险管理体系

（一）提高食品企业质量管理水平

要想实现我国食品安全状况的改善，不可忽视的一点就是要提高企业自身的管理水平，从根源上解决此问题，也是改善食品安全的有效方法，政府及相关机构要提高企业整体的责任意识，对企业的管理人员进行不断的教育训练，企业生产过程中的食品安全危害给广大群众和社会带来的影响是非常大的，如有食品安全问题的存在，就会影响到企业的发展。对于违规的行为，一定要立即制止并且进行改善，同时企业中对于食品检测的技术也要有一定的提高，要符合新型企业在市场中的发展趋势，要有一定的技术配备标准，各级政府应该安排投放此类标准，检测技术的预算，帮助企业完成食品安全管理机制。

（二）强化风险管理

对于食品安全机制的管理来说，其中最主要的任务就是预防。一是一定要建立预防体系并且将预防体系作为食品安全监管的首要任务和核心任务，政府对食品安全的监管成就，不在于处理违法等企业，监测出了多少食品安全事件，处罚了多少犯罪人员。政府食品安全监管的承诺，主要在于能够提前预防预知食品安全问题，真正做到"见事早，谋事深"。二是建立真正的风险管理平台，其风险监测管理平台，要对生产的来源、生产的过程、消费的过程等各个领域都进行全方位的监测。三是政府层面也要对食品安全监管有一定的预警，要通过对食品生产、销售，以及消费者反映的监测的网络动态、数据、信息等能够做出提前的预警、判定以及科学的解决方法。四是对于食品投入到市场销售前，应该组建相关的前置风险评估机构，这些机构应该对于准入市场前的产品进行风险的评估，把存在风险隐患的产品退出食品市场。五是对于各级部门之间的沟通和信息的共享要及时，对于政府的预警信息的传达，即媒体对于客观性信息的传播等要及时准确，避免造成心理恐慌。六是对于风险防范工作的建立，要有一定的流程，在预案、措施、准备、方案的执行上一定要准确。七是通过各级教育的形式和方法来提高对食品安全风险的抵抗意识。八是邀请相关的专家，对风险评估提供科学和专业的意见，保证整个体系能够正常的运行。

风险管理中还有一项非常重要的任务是要加强对于应急问题的处理，国家应该尽快修订《国家重大食品安全事故应急预案》。尽快地修订对于食品安全事故发生后应该处理的流程和机制，这样执行者才能够更快地处理和解决问题。可以建立"一体二模"的形式。在平时的工作中，政府承担信息的沟通及风险评估和预警的工作。有突发事件时应启动联防联控，采取措施减少危害发生。这种模式要求政府对于这两种制度的把控要准确，并且要做好两种模式随时切换的准备。

五　进一步完善食品小企业安全监管政策

（一）实施大企业带动中小企业战略

一是实施大企业带动战略，应该在各个地区，并且在各个食品领域中，分别培育出一大批优秀的食品集团，将这些集团作为企业的"领头羊"，通过大企业带动中下游企业，进行资源整合，形成"龙头企业＋配套企业＋基地＋农户"的产业发展模式。二是发挥行业协会的作用，把分散在城市中的小作坊、小摊点等经营者进行整合，行业协会进行有效监管和治理，实现户籍模式，提高小摊位的自律机制。三是站在管理者的角度出发，提高政府的管理能力和管理水平，严格把控好食品准入机制，抓好食品安全标准的建立，让执行者有据可依；同时，要提高企业自身的综合素质，强化策略导向，改变企业经营者原有的经营方式，加快企业的转型，调整食品产业结构，实现我国食品产业的规划。

产业政策对食品安全状况的影响是根本性的，例如"三鹿奶粉"事件后，农业部对全国奶站进行清理整顿，截至 2010 年年底，全国奶站数量由整顿前的 20393 个减少到 13503 个；全国生鲜乳收购站机械化挤奶率达到 87%，比清理整顿前提高了 36%；近两年牛鲜乳中三聚氰胺监测合格率为 100%，全国生鲜乳质量安全状况总体良好。2011 年河南查处双汇"瘦肉精"事件，发现存在问题的生猪都来自存栏数 50 头以下农户散养，而大规模的猪场根本不敢冒这个风险，因为他们的违法成本高到"伤不起"。

（二）发挥行业自律，提升区域性食品产业整体素质

在城市中，小作坊、小餐饮等数量巨多，而且分布比较广泛，其小作坊、小餐饮所具有的特点是水平比较低、自律能力比较差。所以对监管来讲是一个重要的难题，导致基层执法人员在监管的过程中难度非常大。南方一些省份积极地实施了集中管理模式，建立了小作坊的集中加工地进行资源整合，方便执法者进行统一管理，也有效地提高了小作坊等集体的综合素质，并在区域内探索出集中管理的方法，这一做法体现了我国监管部门工作方法的改善，同时在工作中也形成了互相监督的局面。

六　加强第三方监管机制的地位和作用

对于监管责任要分工明确，而且各个部门要配合协作，共同完成食品监管的重要任务。发达国家的经验表明，社会组织可以帮助政府承担

监管机制，在保证食品安全的过程中，发挥社会组织的作用，进行诚信体系建设，充分地利用其作用，并且可以引导社会组织对各个企业进行监管和举报，可以提高企业的自律水平和综合素质。引导龙头企业在加工生产过程中，带动中下游小企业发展，且鼓励小作坊和农副产品的企业相互合作、互相鼓励，这样可以提高企业的竞争力，同时也可以使企业之间相互牵制，抑制产品安全风险事故的发生。提高消费者权益保护组织的影响力，发挥消费者的自我保护意识，引导公众重视口碑和公众信用及产品质量的优势，这样才能够构建社会化食品安全保障体系。

将行业协会进行行政化，提高行业企业和从业者的自律能力，从而完善社会化食品安全保障体系。同时要将所有的企业集中化便于协调和配合治理，集中化的治理可以提高企业改革。每个行业中都要有一个行业协会的存在，而且不允许有任何人存在于行业协会之外，有行业协会去监管行业企业，这样才能实现真正的食品安全体系的监管。要给予行业企业实体化的职责和服务手段，让行业协会在执行的过程中有权威性，政府可以将行业组织申请从业的准入前作为一个前置条件，如符合准入权者将给予工商登记，对于违规者将退出申请，维护了行业的权益。为了提高行业的自我约束和自我管理，还要注重的是权责化的管理，协会中有一员出现错误，全员连带的责任机制，让大家都能够认识到整体的公共利益的重要性，这样可以形成内部牵制，形成自我监督的局面。

七 完善食品质量安全信息公开制度

（一）加强食品安全文化建设

食品安全和百姓的生活关系非常密切，一旦发生食品安全问题直接影响消费者的信心，而且对于社会的诚信和政府的公信力也会影响非常大。就目前发生的食品安全问题，主要存在以下几个方面的问题，一是当问题发生后，政府部门的反应机制和处理问题的态度不够坚决和及时。二是媒体在传播的过程中夸大效应。三是问题出现后没有给到百姓科学性的指导方案。将问题进行深层次的分析，主要包含以下几点的内容：一是政府、社会企业等机构对于基础文化的建设不够细致，对于食品安全制度的完善不够彻底，应该将制度统一上升到社会的高度，形成统一的执行标准。二是法治文化建设不够健全，很多企业还存在侥幸心理，没有形成高压线的敬畏心理，不能自觉遵守法律，执行法律。三是道德文化建设上存在欠缺，企业应该认识到企业的发展应该和诚信和道德联系在一起，将道德文化建设上升到职业道德水平中去，养成社会的自律习惯，企业在生产经营的过程中，应该将自身的企业发展，企业道德水平联系到一起。四是行业文化建设。食品是人民在生活中重要的问题，而且我国的食文化已经有上百年的历史，所以食品安全是中国食文化的重要内容。因此，有效监督食品安全和食品生产，提高行业的技术标准，严格规范食品生产制度，增加民众的食品安全识别手段是非常重要的。

（二）调动群众积极性，树立食品安全社会共治共享科学理念

增强人民群众安全感，是提高人民群众幸福指数的一个重要方面。我们常说"国以民为本，民以食为天，食以安为先"。现在全社会正面临严峻的食品安全形势，食品药品安全居当前最受关注的"四大公共安全"之首。利用群众带给食品安全监管工作的积极影响，依靠群众形成食品安全有全社会共治共享的局面。俗话说，群众的眼睛是雪亮的，群众也是最接近生活的群体，所以一定要重视群众的力量，例如在北方的部分省份有建立食品安全有奖举报制度。这样才能够实现食品安全社会共治的局面。除此之外，可以依托农村药品监管网络安全信息等在公共网络上，对食品安全监管的人员进行招聘，发动大学生走进社区和农村，宣传食品安全知识，营造一个具有食品安全的良好氛围。对于农村的食品药品监管工作站，也可以进行定期的宣导，为群众普及食品药品安全信息。

（三）利用网络渠道，优化食品安全信息收集和发布

食品属于经验产品，目前在食品信息安全中存在的问题是，生产经营者、监管者以及消费者之间存在严重的信息不对称的情况，信息收集和发布就显得尤为重要，也是食品安全工作的首要任务。

对于一些地区可以利用网络资源，在官网或者是微博动态中，将相关的信息进行推广和发布。例如银川省的食品安全委员会的官网微博中，有将近 2 万人的粉丝，其中银川食品安全的模块中，就主要是进行食品安全知识的共享，同时也对违规信息企业结果的处罚通报，提高消

费者的食品安全意识，可以在食品安全事故发生后，第一时间可以看到处理的方式和方法，及时掌握相关的资料，避免出现恐慌。

（四）运用宣传教育、经济手段，引导生产经营者和监管者更加重视食品安全

理想的食品安全监管政策应包括提前干预、自我激励和自我监管三个部分，如果要真正地解决食品安全问题，应该从生产者的角度出发进行管理，经营者是食品安全问题的源头，对经营者进行教育宣导和经济激励，是预防食品安全问题的重要手段，政府应该及时提供相关激励政策，创建和培养一批先进的企业典型。一些地区的监管部门针对食品安全责任人有展开约谈工作，即当下级的监管部门的生产者存在轻微问题时，监管部门会通知相关的责任人进行谈话和教育，要求其改正经营过程中的不正当行为，避免出现严重的食品安全后果。还有一些地方会构建食品消费者食品安全信任指数，在市场中发挥消费者的主体地位要求，积极调动群众的参与性，实现社会共治的局面。

说到经济手段，有人可能不理解，认为像食品安全这种人命关天的大事，怎么可以用金钱来激励？实则不然。因为我们制定和实施任何政策都需要符合政治合法性与经济合法性，如果一个政策的社会总成本大于社会总收益，那就是经济不合法的。例如河北省在问题乳粉集中清查清缴专项行动中，对主动上缴问题乳粉者给予适当经济补偿，这恐怕就比执法人员开展地毯式搜查来得高效。

（五）食品安全监管领域内的信息体系

对于食品安全监管，信息始终是贯穿全程的监管基础，从企业到政府的信息流保障了政府对于企业自我监管的了解从而便利了官方的检查；从企业到消费者的信息流，例如标签、营养声明等，保障了消费者的知情权；从政府到消费者的信息流则保障了消费者的安全和健康，而在食品安全事故处理的过程中，政府信息的权威性又有利于安抚消费者的焦虑，稳定公众的情绪，从而推进事故的解决。就食品安全事故应急管理来看，信息体系的建立有助于监测、预警和追溯等体系的实现，进而使食品安全事故应急管理成为食品安全监管的有机组成，从而实现这个监管过程从"变态"到"常态"，从"事后"到"事前"的转变。

对于管理信息系统而言，其主要由四大部件组成，即信息源、信息

处理器、信息用户和信息管理者，具有集中统一规划的数据库是管理信息系统成熟的重要标志。[①] 有鉴于此，在食品安全监管领域内完善信息体系，可以考虑以下三个关键问题：一是信息的获取和整合，二是信息的处理和利用，三是信息的发布。其中不同于企业管理信息系统的是，由于食品安全监管涉及众多的利益相关者，几乎每一个公众都是潜在的信息需求者和供给者，如通过食品标签获得食品的成分、营养信息，或者通过个体的表现（食物中毒、过敏等）反映食品不安全的问题。而且，各个用户群（政府监管者、企业、消费者等）既可以把它作为信息收集的渠道，获取自己所需要的信息，同时也可以把它作为信息的发布渠道，向其他用户群提供信息。举例来说，对于负责食品安全监管的政府而言，它一方面需要通过这一管理信息系统获取与企业相关的监管信息；另一方面它也需要就自己的监管工作向消费者发布有关食品安全状况的信息，包括日常监管情况的调查信息、风险的预警和食品安全事故处理信息等，可以说政府用于信息发布的平台本身就构成了信息体系的一个环节。具体来说：

1. 信息的获取和整合

信息的来源根据用户群的不同分成若干部门，包括科研机构、政府机构、食品企业、社会组织及其他途径，其中科研机构包括进行风险评估的研究机构、相关的实验室和高校的研究机构；政府机构包括中央主管机构、各相关部门以及地方各级政府机构；食品企业包括“从农场到餐桌”统一食品生产链环节中的食品生产、加工、运输、贮藏、零售等企业；社会组织包括相关的行业组织、非政府组织等；其他途径则是指媒体、个体公民等信息来源。此外，还包括国际食品信息的来源，例如世界卫生组织统计信息系统（WHOSIS）中有关食源性疾病的信息，联合国世界粮食和农业组织的数据库，其中与食品相关的有全球粮农信息及预警系统（GIEWS）、食品法典数据库、粮食不安全和易受害信息及绘图系统（FIVIMS）、家畜饲料资源信息系统（AFRIS）等，除此之外还有来源于各类研究机构的数据、高校食品安全研究中心的数据等。事实上有关食品信息的收集渠道并不缺失，可以说各个不同的用户

① 薛华成主编：《管理信息系统》（第五版），清华大学出版社 2007 年版。

群根据自己的需求都已经建立了各类相关的数据库，尤其是网络技术的日益发达，更是进一步便捷了数据的收集工作，因此在构建信息体系的过程中，关于信息源的建设关键的问题是如何整合已有的信息渠道，而这里的两个问题就是如何实现信息共享以及实现何种程度上的共享。应该说如何共享的问题只是一个技术层面的问题，而何种程度上的共享则因为涉及诸多的利益问题而相对比较复杂。对此，一方面是需要根据信息的性质确定可供发布信息的类别，另一方面就是要通过确立公开原则保障被列入可发布列表的信息得到及时有效的发布。

2. 信息的处理和利用

在食品信息体系的建设过程中，一方面需要重视的是对于汇总信息的分类工作；另一方面就是对于信息在分析的基础上如何利用的问题。对于信息进行分类是综合利用信息的前提，对此可以根据食品（包括食品中的各类物质）的种类进行纵向性分类，例如动物源性产品、蔬菜水果类、奶类产品、食品添加剂、食品污染物等，在此基础上可以根据需要对某种食品做进一步的信息分类，如欧盟针对疯牛病对牛肉产品进行了单独的信息跟踪。与此同时，对于适用于所有食品的不同监管内容进行横向性分类，如食品监管的法律信息、食品的检验检测信息、食品的政府监管报告等，当然根据食品安全信息的来源也可以直接进行归类，但是缺乏渠道整合和信息汇总的意义。对于获取的信息，不同的信息用户可以根据自己的所需对信息进行处理和利用。其中最为重要的三个角色应该是科研机构、政府机关和食品企业。对于科研机构而言，尤其是负责风险评估的机构，通过对于信息的监测和分析可以及时发现食品中的危害，在此基础上进行风险评估，确定风险的性质和严重程度，再由相关的部门通过预警体系通告相关的部门和人员以及消费者，从而采取措施及时对风险进行预防、控制，把损失降到最小。对于政府机构而言，可以通过信息的监测了解食品企业对于食品法律规章的执行情况，尤其是企业通过质量控制体系对食品的自我监管情况，此外，通过把握整个社会和国际环境下的相关信息，可以及时制定和调整相关的食品政策。而对于企业而言，及时掌握有关的信息，尤其是相关的政策、方针，是企业应对外部环境、促进自身发展的前提条件，但是在这个过程中对于企业而言，需要处理好的一个问题就是信息的可公布性，一些涉及商业秘密的信息可能无法对外公布，但是能够公布的信息，尤其是消费者有知情权的信息必须对外公开。事实上，从公关的角度而言，信息的公开对于企业本身来说也是提升自己知名度和美誉度的方式之一。而且，对于食品安全监管而言，食品企业的信息是保障追溯制度的一个必要条件，对此，企业一方面可以提供自己产品的信息；另一方面可以通过原料来源和产品去向的记录，保障食品的可追溯性。在此值得一提的是，食品企业是保障食品安全的第一责任人，对此国外的做法是从法律上要求食品企业采用危害分析与关键控制点的体系，从而确保生产和加工过程中的食品安全。尽管危害分析与关键控制点的体系在国内的运用还在企业自决的范围内，但是广泛运用该体系已经成为一种趋势。对此，我国的《食品安全法》第三十三条也作出了相应的规定：鼓励食品生产经营企业符合良好生产规范要求，实施危害分析与关键控制点体系。作为预防性的措施，危害分析与关键控制点的意义在于通过及时预见危害并加以纠正从而改变以往只能对最终产品实施检查的被动格局。此外，根据危害分析与关键控制点体系的原则要求，实施者需要建立全部的程序文件和与其他相关原则及其应用相适应的准确有效的记录。而这些文本信息，不仅为政府监管部门提供了书面信息，同时也便利了食品信息的追溯。

3. 信息的发布

对于收集来的信息既可以由各自负责的机构自行对外发布，如企业发布自己的产品信息，科研机构发表自己的科研成果，同时也可以通过汇总，由一个统一的发布平台对外发布这些信息或是根据请求向相关人员提供其所需的信息。当然建立一个统一的信息发布平台，并不是要垄断信息的发布权，而且为了确保信息的准确性、一致性和权威性，从而防止虚假信息对于消费者的欺骗和误导。因为科学的不确定性和现有水平的局限性，一些信息本身可能是错误的或是和其他信息相互矛盾的，例如营养学的知识在引导消费者如何平衡膳食的时候，自身就有许多相互冲突的观点，这不仅没有使消费者清楚该吃什么，该怎么吃，反而在食品消费方面更为困惑。对此，应该加强信息处理环节的工作，尤其是对于尚未确定的信息如何进行处理和利用的问题以及不同部门之间有关信息的沟通。例如，对于风险评估，欧盟就通过加强事先的沟通和事后的调解，确保欧盟食品安全局和各国相关机构之间的一致性。

　　信息最大的受众是消费者，而且相对于科研机构、政府机关和企业来说，消费者对于信息更多的是一种接受状态，因此在这里需要强调的一个问题就是消费者主动获取信息的问题。对此，除了通过上述管理信息系统为消费者提供获取信息的途径外，对于一些没有进入系统的资料，尤其是政府的相关文件，也必须有相应的制度保障消费者对相关信息的查阅和获取。但无论是被动接受信息还是主动获取信息，流畅的信息交流体系是消费者接受信息的前提所在。所谓交流，其特点应该是双向和互动的，因此一方面消费者通过获得信息了解食品的特点，进行自己的消费选择；另一方面通过消费者所能提供的信息，也可以确定他们对于风险的态度、食品的偏好等信息，而这些对于政府的监管和企业的生产，都是重要的决策信息。

参考文献

［1］［奥］贝塔兰菲著：《一般系统论：基础、发展、应用》，秋同等译，社会科学文献出版社 1987 年版。

［2］［美］丹尼尔·F. 史普博著：《管制与市场》，余晖等译，上海三联书店 1999 年版。

［3］［美］约瑟夫·E. 斯蒂格利茨：《经济学》（上），中国人民大学出版社 2005 年版。

［4］［日］植草益著：《微观规制经济学》，朱绍文、胡欣欣等译，中国发展出版社 1992 年版。

［5］保罗·萨缪尔森、威廉·诺德豪斯：《经济学》，人民邮电出版社 2004 年版。

［6］陈七：《我国食品质量安全监管体系存在的问题和对策研究》，硕士学位论文，南京农业大学，2007 年。

［7］陈小敏、杨华、桂国弘：《2008—2015 年全国食物中毒情况分析》，《食品安全导刊》2017 年第 25 期。

［8］陈永红：《食品安全管理理论与政策研究》，中国农业科技出版社 2007 年版。

［9］楚红丽：《公立高校与政府、个人委托代理关系及其问题分析》，《高等教育研究》2004 年第 1 期。

［10］江永玉：《食品及农副产品加工标准化知识》，北京大学出版社 1989 年版。

［11］金征宇：《食品安全导论》，化学工业出版社 2005 年版。

［12］李鹏：《当前我国食品安全监管存在的问题与对策研究》，硕士学

位论文，河北师范大学，2013 年。

[13] 罗纳德·科斯：《社会成本问题》，载盛洪主编《现代制度经济学》（上卷），北京大学出版社 2003 年版。

[14] 马英娟：《政府监管机构研究》，北京大学出版社 2007 年版。

[15] 王尔茂：《食品营养与卫生》，中国轻工业出版社 1995 年版。

[16] 王璋、许时婴、汤坚：《食品化学》，中国轻工业出版社 1999 年版。

[17] 吴建军：《政府管制的产权分析》，中国财经出版社 2007 年版。

[18] 薛华成主编：《管理信息系统》，清华大学出版社 2007 年版。

[19] 杨学津、孙一主编：《管理系统工程教程》，山东大学出版社 2009 年版。

[20] 中国食品工业协会常务副会长刘治：《我国食品工业发展状况分析》，《中国食品安全报》2016 年 11 月 5 日。

[21] 中华人民共和国国务院新闻办公室：《2016 年中国食品安全状况研究报告》，《中国食品安全报》2017 年 12 月 21 日。

[22] 朱慧娴：《欧美食品安全监管体系研究》，硕士学位论文，华中农业大学，2014 年。

[23] Akerloff, G. A., "The Market for Lemons: Quality Uncertainty and the Market Mechanism", *Quarterly Journal of Economics*, 1997.

[24] Laura Macgregor, Tony Prosser and Charlotte Villiers(eds.), *Regulation and Market beyond* 2000, Dartmouth and Ashgate, 2000.

[25] Lester M. Salamon (ed.), *The Tools of Government: A Guide to the New Government*, Oxford; Newyork: Oxford University Press, 2002, pp. 117 – 186.

[26] Peltzman, S., "Toward a More General Theory of Economic Regulation", *Journal of Law & Economics*, 1976.

[27] Stigler, G. J., "The Theory of Economic Regulation", *Bell Journal of Economics*, 1971.